MBTI
戀愛心理學

從相識到相處，你和他的關係說明書

朴聖美 著　葛瑞絲 譯

序

理解如宇宙般的人

深入了解一個人是很難的。遇見一個人就像遇見一個世界一樣，要成為探索偏遠地區的人類學家，找出陌生世界的秩序。如果你決心付出這樣的努力而拿起這本書來讀，那麼你肯定是個勇敢的人。想理解心愛的人、想知道喜歡的人內心的想法、想從一開始就釐清自己適合什麼樣的人等等，雖然每個人拿起書的目的各有不同，但至少同樣都想要深入觀察人。

青少年時期，我對人非常好奇，對於看不見的內心以及由內心產生的行動模式尤其感興趣，因此選擇就讀了心理系。不，其實我是希望學了心理學後能好好談一場戀愛，比起人類，我更關心的是未來的配偶。我想知道如何能察覺到緣分、怎麼樣才能成為一對甜蜜的佳偶。你問我找到答案了嗎？只找到了一點點，而且只是隱約模糊的答案而已。

學生時期的我，經常為了躲避炎熱或寒冷而跑去學校圖書館。在那個寬敞、舒適、安靜又空無一人的空間中，在某一個角落，書中的新世界正等待著我。雖然解讀這個只有文字和紙構築成的世界很困難，但我覺得理解人更難。在那個時期，我自由地穿梭在各種主題之間，讀了很多書，特別是關於 MBTI 的書，我讀得津津有味。當時韓國翻譯了許多來自日本的 MBTI 書籍，寫得非常有趣，所以我會一邊想著那些給我壓力的人，一邊真誠地投入其中。那個時候，學校諮商室也能測 MBTI，在諮商案例研究論文中也經常出現 MBTI，姑且不論 MBTI 能否視為檢測工具，至少對於在青少年時期不了解自己的我來說，MBTI 似乎給了我正面肯定。最近 MBTI 風靡了年輕世代，變成像打招呼一樣輕鬆交流的資訊，大概也跟青少年時期的我透過 MBTI 得到安慰的原因一樣吧？

翻開這本書的人也許已經很了解 MBTI 了，但我會先從心理檢測的角度大致探討 MBTI。MBTI 是將人的性格（personality）以四個維度分成十六個類型的檢測。在被心理學界冷落之前，MBTI 在諮商現場是常與大五人格（Big-Five）檢測一起使用的性格測驗。事實上，心理學也將 MBTI 的使用限定於一般諮商領域，韓國 MBTI 研究所實施的檢測相關專業資格訓練，不同於其他的心理檢測，並沒有必須就讀「心理學系」的資格限制。換言之，MBTI 可說是不受心理學限制的性格檢測。雖然讀者可能會覺得「不受心理學限制的心理檢測」沒什麼大不了，但很少有心理檢測像 MBTI 這樣，是全世界許多人都做過的（大五人格檢測和九型人格檢測在全世界雖然也很普及，但很難與 MBTI 並駕齊驅，更何況九型人格的「心理學色彩」還遠不及 MBTI）。

以檢測來說，MBTI 顯然有其魅力，而它的魅力恰恰是被視為其缺陷的「分類」。對於單純以表面理解別人的人而言，十六種類型有助於他們了解人的多樣性；對於嘗試深入了解每個人細微的個性而感到混亂的人來說，將人簡單分成十六種類型也很有幫助。另外，MBTI 的類型也有利於講故事。凱瑟琳・庫克・布里格斯（Katharine Cook Briggs）最初開發 MBTI 的起因，就是想要幫助像女兒這樣，因為無法理解男友而感到疲憊的人。她以榮格的性格理論為基礎將性格分類，並舉偉人為例說明，因此 MBTI 的每種類型就像在描述一個人的特性一樣，很容易發展成故事。MBTI 的限制和實用性非常明確，希望各位讀者在閱讀這本書的過程中也能謹記這點。

為了在戀愛中有效活用 MBTI，本書大致會分為對 MBTI 四個維度的說明，以及針對十六種類型個別的解析。第一部分，會說明 MBTI 的開發背景，MBTI 四個維度在戀愛方面有何不同，以及四個維度中會對戀愛的本質造成最大影響的維度為何，並說明其原因。本書的重點在於第二部分。在第二部分中，會逐一介紹十六種類型，並假設這些類型是讀者心愛的情人，就像愛情小說中，女主角想要了解男主角，所以隱居的魔女向女主角傳授祕訣一樣。從各位的伴侶具有怎樣的性格特徵，根據家中排行的不同會有什麼差異，性格會如何反映在戀愛上，到推薦的約會路線和不同年齡層的攻略方法。這些都是戀愛技巧，會以介紹該類型的優勢為主，一些提醒為輔。

即使還沒有戀愛對象，這本書也會刺激各位的戀愛欲，喚起「我也可以談戀愛」的自信。讀這本書之前因為漆黑而看不見的宇宙，在讀完這本書後，將會滿布繁星，各位也將體驗到因了解其中的秩序而生的樂趣。

希望各位閱讀本書時，不利用它來判斷和限制別人，而是將這本書用來深入地理解所愛的人，甚至去擁抱無法輕易理解的人。

A

愛的第一個義務，
是傾聽對方。

德國神學家 保羅·約拿·田立克（Paul Johannes Tillich）

MBTI
戀愛心理學
目錄

第二部

戀人默契解密！

你需要知道的MBTI戀愛細節戰略

第四章：期待更好的世界和我們的成長
ENTJ, ENFJ, INTJ, INFJ

第一部

你了解 MBTI 嗎？

用MBTI簡易使用說明書
開啟探索「人」的旅程

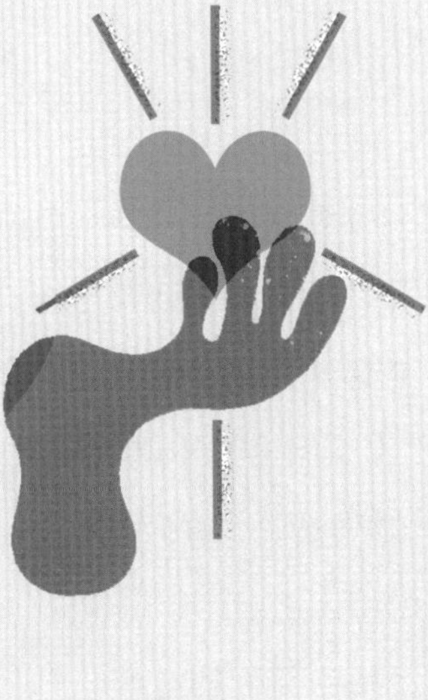

為理解和包容而生的 MBTI

「媽媽，我恐怕得和喬納森分手了。我沒辦法再跟他交往下去了！」

伊莎貝爾一回到家看到凱瑟琳後，就纏著她訴苦。明明一星期前，伊莎貝爾還說喬納森是她心愛的男友，提議要帶他回家跟凱瑟琳認識一下，現在竟然要分手？凱瑟琳驚慌失措，但依然冷靜地安撫伊莎貝爾。

「在我看來，他是個不錯的人啊，你們之間怎麼了？」

「他真的很怪。每次見面約會都一點計畫也沒有，隨便看到哪間店就進去逛……讓我來計劃也不是一兩次了，太沒誠意了吧。我只要稍微唸他幾句，他就說自己受傷了，然後露出悲傷的表情，什麼話都不說；而且他還不喜歡出門，只想待在家裡，這也讓我很鬱悶。最奇怪的是，他一點都不實際，只對宇宙中的外星人感興趣，明明連外星人存不存在都不知道。比起害怕外星人入侵地球，更應該擔心高中畢業後的前途吧？」

伊莎貝爾向凱瑟琳傾訴了自己在與喬納森的關係中受傷的心情。凱瑟琳把手放在伊莎貝爾的肩膀上說：

「女兒，聽你這樣說，喬納森和你的性格好像不太一樣。但喬納森並不奇怪喔！世界上本來就有各種性格的人。」

為了包容不同性格的人

在與伊莎貝爾對話後，凱瑟琳以榮格的性格理論為基礎，將人類性格用四個維度分為十六種類型，說明給在家自學的伊莎貝爾聽。為了有效說明這十六種人格，凱瑟琳以偉人為例寫出了一本書，這就是 MBTI 性格分類檢測的起源。MBTI，是「邁爾斯・布里格斯性格分類法（Myers-Briggs Type Indicator）」的首字縮寫，媽媽凱瑟琳・庫克・布里格斯看到女兒伊莎貝爾・布里格斯・邁爾斯（Isabel Briggs Myers）與男朋友之間的衝突後，便告訴女兒人格類型「至少」有十六種，所以希望女兒能接受彼此的差異，尊重多樣性。前面描述的凱瑟琳和伊莎貝爾的對話，是為了幫助讀者理解而改編、潤飾的。書籍出版之後，凱瑟琳繼續研究，希望能根據孩子們各自的性格，開發不同的優點、追求更好的生活，而女兒伊莎貝爾延續媽媽凱瑟琳的成果，將 MBTI 發展成了檢測工具。

不是為了尋找適合我的人，
而是為了理解我所愛的人

近來心理學界認為，以檢測的基礎而言，MBTI 的可信度和正確性都太低了，因此不承認 MBTI 是檢測工具，但其實到 2000 年代初期為止，研究諮詢案例的論文中依然相當頻繁地使用 MBTI（當時只要提到我是心理系的學生，大家的反應都是「你來猜猜我在想什麼」，或問我現在是不是在分析他）。不過，在心理學界指出 MBTI 作為檢測工具有其限制，因此逐漸不在研究中使用的同時；另一方面，早在十幾年前，MBTI 就已經在 1990 年代出生、當時正值二十幾歲的年輕人當中越來越受歡迎。現在甚至連認識新朋友時，都會以 MBTI 類型

來介紹自己、了解對方的類型後再開始交往。日本流行 MBTI 的時間點比韓國早十年左右，因此，2000 年代初期在韓國出版的 MBTI 相關書籍，大部分都是從日文翻譯過來的。雖然時期不同，但日本和韓國同樣都是在血型心理學的熱潮後，才開始流行 MBTI 心理學。

近年來，韓國關於 MBTI 的書籍層出不窮，很多書籍都是要幫助讀者了解自己，或尋找適合自己的人。但問題是，以 MBTI 類型侷限自己的性格、在深入理解某人之前先以 MBTI 尋找適合自己的人，這種作法並不符合 MBTI 的發明宗旨，反而會鞏固偏見。前面說明 MBTI 的開發背景時提到，MBTI 尊重人的多樣性，認定並培養彼此不同的優勢，是個接納「差異」的檢測。因此，MBTI 的四個維度和十六種類型分析，應該要用來理解自己和別人（如果對方的類型與我相反，可以理解為需要比其他類型付出更多努力）。

本書試圖根據 MBTI 檢測的開發宗旨，幫助各位用於理解自己所愛的人。如果十六種類型的人遇到與自己不同的十六種類型，那麼戀愛類型會有多少種呢？ 16×16＝256，至少會出現 256 種。即使是同樣的 MBTI，二十歲、三十歲、四十歲交往時的戀愛經驗都會不同；根據家中的排行是老大、老二還是老么，對於需求的表現也會不同。所以，天底下不存在一模一樣的戀愛，MBTI能發揮的最大功效，就是幫助你「理解」對方。

不要害怕，去愛吧！

A

Love is …

我對你的一切責怪，
都是要你迎合我的框架。
真對不起。

電影《雲端情人》（*Her*）

MBTI 各類型戀愛特性一目瞭然

享受現在這個瞬間很重要

ESTP

表現自我，比什麼都重要。

ESFP

愛情就是熱情。

ISTP

我愛你，還需要表達更多嗎？

ISFP

我只要有你就夠了。

每天都在做夢，用各種方式尋找幸福

ENTP

愛情是一場遊戲。

ENFP

愛怎麼可能不會改變呢？

INTP

你認為愛是什麼？

INFP

你這道光，
照進了我疲憊的人生！

想要看得見、摸得著的愛情

ESTJ

我想這樣定義和你之間的愛。

ESFJ

哇！原來你是天使！

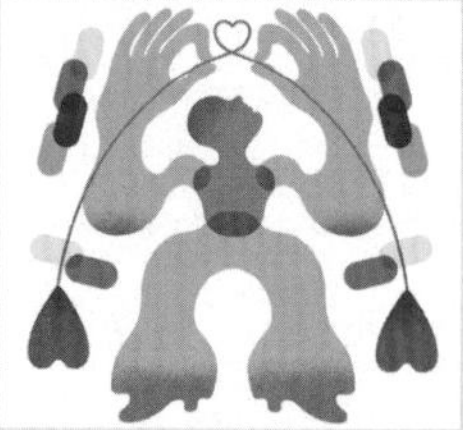

ISTJ

在愛情方面，信任也很重要。

ISFJ

只要是你喜歡的，我都喜歡。

期待更好的世界和我們的成長

ENTJ

奇怪的是，
在你面前我總是變得軟弱。

ENFJ

我會努力和你一起變得幸福。

INTJ

因為愛你，所以我有話要說。

INFJ

我一直都感覺得到你。

四種維度的戀愛風格

表現方式和約會風格
真的都不一樣！

MBTI 是從四個維度上的兩個方向作選擇，將人分成十六種類型，在這一節內容中，主要想幫助各位了解四個維度在談戀愛時不同的價值觀。如果維度的分數明顯偏向某一邊，該維度的特性就會很明顯，不過還是會根據外部情況和自身狀態而出現差異。因此必須謹記，每個人最後做出的行動，可能會和自己的 MBTI 結果不一致。以下會把各維度的戀愛方式解釋得淺顯易懂，希望大家能愉快地閱讀下去。

根據能量方向分為 E 和 I

E	←能量方向→	I
Extroversion 外向型		Introversion 內向型

第一個維度是關於能量的方向，E（外向型）是指能量來自外部，而 I（內向型）是指能量來自自己的內心世界。

首先，E 會積極與他人溝通並從外部獲得能量，E 一旦愛上了，就會積極向外界表達自己的感情。在表情或行動上無法隱藏那令自己心臟怦怦跳的感情，只要仔細觀察 E，就很容易看出他現在正愛著誰，因為在向對方表達感情的同時，E 也無法對其他人隱瞞自己的愛意。如果是 E 的分數超過四十分（滿分五十分）的極 E 人陷入熱戀，說不定連自己的心臟都願意掏給對方。

相反地，I 只想在內心深處品味自己的愛情。會試圖衡量自己現在有多愛對方，並且很難如實表達自己的愛意。I 陷入熱戀時，可能會因為無法在對方面前自在的行動，而表現得像機器人一樣笨手笨腳，臉部肌肉還可能會出現異常。其他人看到 I 變成這樣，說不定會覺得他是不是身體哪裡不舒服。由此可見，了解 I 的心意並不容易。不過，只要靜靜地長時間觀察，還是能看出 I 的目光總是停留在誰身上，或注視著誰安靜地笑著。I 在表達感情這方面很慎重，所以會在自己認為最佳的時機鼓起勇氣表達。

E 的愛是掛在操場上的橫幅，是啦啦隊長的吶喊。

I 的愛是珍藏在房間抽屜內的信件，是俄羅斯娃娃的最後一個娃娃。

根據認知方式分成 N 和 S

N	←認知方式→	S
iNtuition 直覺型		Sensing 感覺型

根據如何接收人事物等資訊，以及如何認知世界，可分為 N（直覺型）和 S（感覺型）。N 以驚人的想像力和直覺來認知世界，關注遙遠的未來或看不見的抽象領域；S 則重視透過五感來體驗的具體實際經驗，關注現實問題和解決方案。N 在觀察世界時，甚至會看到肉眼看不見的、目前無法證明的抽象領域。因此，儘管 N 有時會展現出看穿事件和言語背後內容的驚人洞察力，但也會因為低估逐一驗證觀察過程的必要性，或是不關

心溫飽等現實問題，像是陷入幻想的「小王子」一樣。

如果你愛上N，也許你迷上的是不著邊際，又對全宇宙感興趣的他。看起來莫名其妙的N，偶爾卻會以驚人的直覺發現連你自己都不知道的真實面貌，讓你卸下防備，但是N難以向你具體說明他是如何發現的。

如果你迷上了S，很可能是因為S的細心和卓越的執行力。S努力具備生活在這個世界所需的能力，如果需要會計，他會去學會計；在IKEA購買傢俱後，他可以只看說明書就進行組裝。和這樣的S在一起，就會發現擋在眼前的現實問題逐一被解決。

與N的戀愛，是獨特的理想經驗。

和S的戀愛，是改變現況的體驗。

根據決策方式分為T和F

T	←決策方式→	F
Thinking 思考型		Feeling 情感型

在我們生活中，經常需要做出很多判斷和決策。T（思考型）在決策時，會有邏輯地以客觀事實為根據；

但 F（情感型）則會將與他人的關係、情緒這些依情況而不同的變數納入考量。無論狀況如何，T 都會根據理性展現出一致的樣子；F 則是根據感性，在不同的情況下表現出不同的樣子。

T 的魅力在於邏輯性和公正。若向 T 傾訴煩惱，總是能聽到明確的解決方案，因為他說話不會拐彎抹角，而是切中核心，所以只要跟 T 在一起，這複雜的世界就會變得清晰。像 T 這種不考慮情況變數的人，若是你的戀人和導師，將會讓你軟弱的精神受到強烈的鍛鍊。但有時當你流露出內心深處的情緒，可能會覺得被 T 輕視，因為 T 主要是以事實關係進行理性判斷，表達方式可能是簡潔又冷淡的。

如果你迷上了 F，大概是因為 F 溫暖的態度和深度的同理心。向 F 訴說煩惱時，最先聽到的會是「你應該很傷心吧，現在好點了嗎？」這樣的回答。在 F 的安慰下，會覺得手腳冰冷的症狀緩解，胸口悶悶的感覺也被溫柔地紓解了。若能和 F 一起面對這個冷酷的世界，就彷彿得到了一個堅實的保護膜。然而，F 會考慮太多情況下的變數，可能會給人相當優柔寡斷的印象。以前覺得不可能的事，這次也許又變成了可能，反之亦然。再加上無法太明確地切割關係，因此令人擔心。

T 是酷酷的戀人，提出明確的解決方法。

F 是感情豐富的戀人，會保護你。

根據生活方式分為 J 和 P

J	←生活方式→	P
Judging 判斷型		Perceiving 感知型

MBTI的第四個指標是生活方式或偏好的生活模式。J（判斷型）喜歡一件事有明確的開始和結束，但 P（感知型）則喜歡過程本身。

J 不想虛度和你約會的時間，因此至少會設定一個小目標，不僅會考慮約會地點，還會事先考慮交通方式和時間。雖然會將守時視為優先，但如果你經常遲到，J 甚至會把你遲到的時間也算進去，再和你約時間。極端的 J 會花很多時間整理東西，表現出想要控制各種與自己相關的地點或人的強勢面貌。看似追求完美，但其實深究他們的的內心會發現，J 比任何人都更容易感到不安。所以，需要告訴 J「偶爾這樣也沒關係」，無論結果如何，都可以保持自在。

P 在人生的漫長航程中追求自由。即使抵達的不是自己最初想去的，而是意想不到的地方，P 也能自得其樂。和你的約會也是如此，P 覺得和你見面本身就很開心。若與悠閒開朗的 P 交往，將會體驗到擺脫煩悶日常生活的自由，但也可能會因為 P 的不守約、無法按時完成工作而感到失望。如果你能更理解 P，P 可能會帶給你意想不到的喜悅。

J 會帶給你符合喜好的約會路線。

P 會帶給你意想不到的約會體驗。

一次看懂 MBTI 四種維度的戀愛風格

愛是掛在操場上的橫幅，是啦啦隊長的吶喊（向外部世界表達自己的情緒或想法）	E	表達愛意的方式（能量方向）	I	愛是珍藏在房間抽屜內的信件，是俄羅斯娃娃的最後一個娃娃（觀察自己內心世界的情緒或想法）
戀愛是獨特的理想經驗（透過直覺觀察事實真相，甚至會考慮到現實之外的世界）	N	對戀愛的價值觀（認知方式）	S	戀愛是改變現況的體驗（使用五感、重視事實，只考慮現實世界）
酷酷的戀人，提出明確的解決方法（有邏輯地掌握自己的想法和人們的想法）	T	危機應對方式（決策方式）	F	感情豐富的戀人，會保護你（重視自己和人們的情緒和感受）
帶給你符合喜好的約會路線（想要控制不確定的未來，重視行動）	J	約會風格（生活方式）	P	帶給你意想不到的驚人約會體驗（忠於「此時此地」的當下，靈活有彈性，重視言語）

MBTI 各維度衝突危險度排名

我們吵架的原因！

用 MBTI 的維度或類型來預測情侶間的關係滿意度，是很困難的事。在現實中，我們有可能因許多偶然的機會墜入愛河，也可能因誤會而彼此不合。在當時那短暫的一瞬間，若不是他的手擦過我的手，若不是她看著我笑；或者，如果當初我沒有對遲到的他發火，而是再多一點耐心聽他說話，如果當初我不把在我身邊的她視為理所當然……

在我們的人生中，大大小小的偶然和誤會經常發生，有時甚至會改變我們的緣分。儘管如此，在戀愛過程中，透過 MBTI 的鏡頭觀察各個維度需要多注意的特性，並釐清會威脅關係的因素，我認為這才是有效運用

MBTI 的方法。再次強調，將 MBTI 套用在自己和戀人身上時，比起直接用來判斷，我更希望能當成分享想法和心意的工具，藉此跟對方談談「你覺得呢？我是這樣想的」。

衝突危險度第一名：T 和 F

「你誤解了我的真心。那不是我想要的。」

在 MBTI 中，展現出決策方式差異的 T（思考型）和 F（情感型），是戀愛中最可能引發衝突的維度，而 T 和 F 決策方式的差異，表現在溝通到決策的過程中採取的方式。

決策，指的是人對接收到的資訊進行判斷或評價，進而影響決定的過程。而 T 和 F 在接受外部資訊後，會以各自的方式解釋和交流並做出決定，兩者在這過程中存在著差異。若是不親密的關係或對自己的價值觀沒有太大影響的人，那麼彼此的差異並不會太明顯，但在戀愛中卻截然不同。因為戀人是會對自己產生深遠影響的人，是以「自己人」的身分進入各位的領域的人。

如果 T 和 F 在不甚理解彼此的情況下交往，那麼在表達彼此心意的溝通過程中，就可能會加深矛盾。在 T

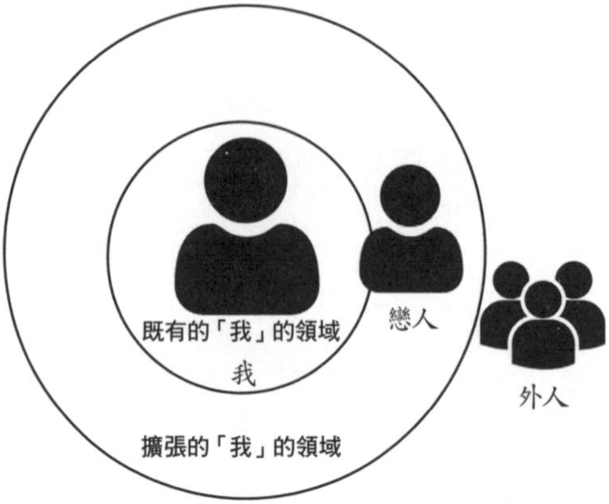

看來，F 優柔寡斷，在許多方面的操心都太多餘；而在 F 看來，T 不夠深思熟慮，過度簡化許多資訊。

當情侶當中的一人受到壓力或面臨危機，就會加深這種矛盾。平時雖然可以相安無事地忽略彼此的差異，但在衝突發生的那一瞬間，彼此的言語可能會變成刺。懷疑對方說話的用意，還可能成為對彼此感情的考驗。溝通在戀愛關係中，比在其他任何關係中都還重要，因此溝通方式的差異稍有不慎，就會造成如同不被對方接受般的痛苦。

但是，這不代表「T 和 F」這對戀人只能坐等悲劇發生。其實只要相互信任，並且努力包容彼此的差異，反而能成為互補的情侶。要是堅持自己的主張，即使不是「T 和 F」，交往起來也會很辛苦，因此需要努力學習彼此的思考方式。這麼一來，不知不覺間，就能成為無論對方說什麼，都能相互理解的情侶。

衝突危險度第二名：N 和 S

「你怎麼會那樣想？為什麼會好奇那種事呢？」

MBTI 的維度中，最有可能引發衝突的第二個維度，就是認知方式上存在差異的N（直覺型）和S（感覺型）。我們並非直接原原本本地接受這個世界，每個人都會用內建的鏡頭來理解和看待這個世界。這種接收世界資訊的現象，以心理學來說就是「主觀現實」。我們都以自己的主觀接受世界，而 MBTI 只是為了便於理解，將主觀現實的差異大致分為兩種。用自己的鏡頭看待世界後，內在會形成一種主觀現實，這與定義「世界是如何如何」的世界觀、價值觀是有關聯的。

如同前面在介紹 MBTI 的四種維度時所說的，N 在觀察世界時，連肉眼無法看見、目前無法證明的抽象領域，都在他的觀察範圍。因此，在觀察事件和言語背後隱含的意義時，N 有時會展現出驚人的洞察力，但也會因為低估逐一驗證觀察過程的必要性，或是不關心溫飽等現實問題，讓人覺得像是陷入幻想的「小王子」。

相反地，S 則會對現實問題進行準確的認識和驗證。在前面曾提到，和 S 在一起時會經歷到改變現況的體驗，這是因為 S 以卓越的五感接受世界，準確地掌握此時此地自己需要的東西，以及在自己停留的世界中可以追求的價值。如果 N 將大海遠方的盡頭設為目的地，那麼 S 就會思考能到達目的地的交通方式。S 和 N 是能互相輔助彼此的最佳拍檔。儘管如此，之所以將他們選為會引發衝突的維度第二名，是因為當兩方的價值觀發生衝突時，其影響力將不容小覷。如果「N 和 S」這對戀人不承認彼此價值觀的差異，無視對方的優點、只在意缺點，顧著表達自己的看法，那麼關係就可能會破裂。因此，「N 和 S」這對戀人要注意的是，即使注視著同樣的東西，對方也可能看到了「我沒有發現的部分」，要抱持著謙虛的態度。N 和 S，只是各自擁有著不同的鏡頭罷了。

衝突危險度第三名：J 和 P

「愛是應該用行動來證明，
還是原原本本地接受呢？」

第三名，是呈現出生活方式差異的 J（判斷型）和 P（感知型）。雖然是第三名，但對於某些情侶來說，生活方式可能是比其他維度還更重要的因素。因為每次約會都遲到的 P，可能會讓 J 感到失望或憤怒，P 則會對這樣的 J 感到窒息。不僅是約會，在決定約會地點或出去旅行時，選課或準備就業時，J 和 P 都可能會因無法理解彼此而發生衝突。若是結婚或同居的關係，還會因為空間使用的問題而爭吵。使用完某個物品後，J 通常會希望現在立刻收拾，但 P 想確定不再使用該物品後再收拾。最大的差異是，J 喜歡整理好的環境，在沒有整理的環境中很難專注；P 雖然也喜歡整理好的環境，但在沒有整理的環境中，也不會太難專注。J 不僅想控制自己，還想控制環境，但 P 可以接受自己和環境本來的樣子。在 J 的眼裡，P 可能讓他很失望，但在 P 的眼裡，J 讓自己過得很痛苦。

然而，如果「J 和 P」這對戀人能接受並尊重彼此生活方式的差異，J 就可以在 P 還沒行動、只是空想的時候，就拉起 P 的手朝向目標邁進，並且因為 P 而體會到自由，得到安慰和充分的休息。J 的快速判斷和執行力，以及 P 的靈活和適應變化的能力，能抵消彼此的缺點、突顯雙方的優點。

衝突危險度第四名：E 和 I

「對於愛情，你（我）是如何表達的？」

疲憊的一天過去了，兩人的影子在月光下融為一體

——引自成始境的歌曲《兩個人》

E 看著 I 陰沉的臉龐，詢問他今天發生了什麼事，希望 I 能說出來，但 I 只是尷尬地笑著說沒什麼，接著就不再繼續說下去了。生氣的 E 大罵：「你一直這樣吃悶虧，全世界都會踩在你頭上的！」I 被 E 的激烈反應嚇得僵在原地。後來才冷靜下來的 E 想化解尷尬，但 I 連尷尬的笑容都沒了，表情還比之前更黯淡，並告訴對方自己要回家了。在那之後，I 說需要時間獨自思考，好幾天都不再跟 E 聯絡。這樣的情況，可能會發生在 E 和 I 的相處中。

在 MBTI 的維度中，能量方向不同的 E（外向型）和 I（內向型）雖然偶爾會起衝突，但與其他維度相比，他們並不難承認彼此的差異，因為他們的差異實在太明顯了。E 對於在人們面前展現自己這件事，並不覺得有什麼困難；I 則會在看到別人遇到困難時提供幫助，意見不同時不會立刻表達，而是會仔細思考後再表達，因此

I帶給人一種慎重的感覺。不過，E是透過在外部活動中積極表達自己來獲得能量，而I需要獨處的時間來恢復在人際關係間耗盡的能量，若無法理解這點，就會發生像前述的例子一樣令人惋惜的情況。為了避免彼此的真心被扭曲而起衝突，「E和I」這對戀人要謹記，雖然表達方式不同，但你們仍共享著其他重要的生活領域。

戀人之間需要留意的衝突危險度排名

第一名	可能會遇到溝通困難的 T（思考型）和F（情感型）
第二名	看待世界的觀點和價值觀不同的 N（直覺型）和S（感覺型）
第三名	目標相同，前往方式卻不同的 J（判斷型）和P（感知型）
第四名	表達心意方式不同的 E（外向型）和I（內向型）

從「T 和 F」看戀愛契合度

這組合，衝突危險度 NO.1？

ST 與 NF vs. SF 與 NT

理性看待 現實問題的 ST	用溫暖的眼光 看待人類和世界的起源的 NF
vs.	
用溫暖的眼光 看待現實問題的 SF	理性看待人類 和世界的起源的 NT

ST 類型的人會理性掌握目前面臨的問題，如果是學生，就會確認作業進行的狀況；如果是上班族，就會確認專案的進度。NF 類型的人則會深入思考與生活無關的

問題，思考人類為何出生、為什麼會成為現在的自己、該怎麼做才能幸福等等。如果說 ST 是堅持不懈、腳踏實地，NF 就是善於理解他人的心情。因此，「ST 和 NF」情侶若想要變得幸福，NF 要支持 ST 的踏實，ST 則應該對 NF 溫暖的一面心懷感激。

SF 類型也像 ST 類型一樣踏實，但 SF 對於幫助他人非常感興趣。如果拜託 SF，SF 會在自己力所能及的範圍內竭盡全力，還會擔心拜託的人感到有壓力，而不願表露自己的辛苦。相反地，NT 類型的人求知慾旺盛，想找尋答案來滿足自己的好奇心，很享受解開謎團或爭論的過程，會喜歡在學問方面進行深入的對話。以「SF 和 NT」的情侶來說，如果 NT 珍惜 SF 的善意，不將其視為理所當然，而 SF 能愉快地參與 NT 的爭論，不當成對自己的攻擊，那麼關係的滿意度就會提高。

而「SF 和 NF」情侶和「ST 和 NT」情侶，雖然在溝通上沒有困難，但是關注的領域不同。如果能愉快地談論彼此關注的不同領域，就會覺得對話的時間豐富且多彩多姿。

TP 與 FJ vs. TJ 與 FP

拓展思維， 不設定限制和範圍的 TP	透過實踐 讓世界變得更加溫暖的 FJ
vs.	
在一定的限制和範圍內 思考和實踐的 TJ	創意無限擴張， 讓世界變得更加溫暖的 FP

TP 擁有思考能力，能為了了解知識而忍耐艱難的過程，但是陷入沉思時，可能會讓就在眼前的戀人感到痛苦。FJ 平時能夠理解，還會覺得沉浸於滿足自己好奇心的 TP 很可愛，但如果連自己心理疲憊的時候，TP 都還是這樣，FJ 說不定就會突然變得冷淡，想要結束關係。即使 FJ 已經在醞釀情緒，TP 也可能完全沒有察覺到，直到 FJ 耐心耗盡、準備離開時，TP 才會感到非常驚慌。就算事後想要收拾殘局，要挽回 FJ 的心也並不容易。因此，在「TP 和 FJ」的情侶關係中，當 FJ 還笑著問候時，如果 TP 覺得自己陷入了思考的泥淖中，就應該從思緒中抽離出來回應 FJ，或者向 FJ 提及自己發現的不同之處。FJ 則不應該一口氣就說出對 TP 的不滿，而應該用 FJ 獨有的溫柔口吻，輕鬆地向 TP 表達自己的傷心。

TJ與TP不同，相較於無限拓展的想法，TJ擁有將點子化為現實的能力。TJ有時會覺得FP是內心炙熱且柔軟的人，而FP有時覺得TJ太自私了，希望TJ成為對世界更有貢獻的人。在「TJ和FP」的情侶關係中，TJ有時會冷酷地對待FP，但這並非TJ的本意，而FP對TJ的態度反應敏感，可能會開口指責。因此，如果TJ盡可能努力溫柔地對待FP，而FP也理解TJ不善於表達自己的感情，盡量不誤解TJ的善意，那麼「TJ和FP」這對情侶就能透過彼此，更深入了解世界。

至於「TP和FP」、「TJ和FJ」這兩對戀人，雖然有時會覺得溝通困難，但至少在約會的時候是很有默契的。

T和F這兩種類型在決策和溝通上的差異，是可以透過P或J這種相似的生活方式來彌補的。一開始會搞不懂對方為什麼要那樣說話，但漸漸就會發現彼此的行為越來越相似。「TP和FP」以及「TJ和FJ」這兩種組合，首先需要透過對話交流彼此的想法。在對話的過程中，表現出尊重彼此不同想法的態度也很重要。如果「TP和FP」、「TJ和FJ」這兩種類型的情侶能互相尊重並深入對話，就能成為彌補彼此缺點、發揮各自優點的完美情侶。

ET 和 IF vs. EF 和 IT

愉快而自由的分析家 ET	細心照顧戀人的 IF
vs.	
以愉快的方式關照戀人的 EF	細膩且敏銳的分析家 IT

ET 會毫不猶豫地表達自己的想法，這種毫無顧忌的自由態度，也會在戀人面前展現出來。ET 這種看似天真爛漫的態度，能讓 IF 也感到快樂，當 ET 按照自己的想法去做卻搞砸、無法收拾殘局時，IF 會默默地挺身而出，細心為 ET 善後。但如果 IF 因 ET 肆無忌憚的態度而受傷，或經常有被掏空的感覺，就會認為自己在與 ET 的關係中似乎成了犧牲者。

「ET 和 IF」這對情侶要是各自隨心所欲地行動，ET 就會習慣主導 IF 的意見和想法，在這種情況下，IF 會看 ET 的臉色克制自己的欲望。即使 IF 沒有立即表達，ET 也要懂得等待；即使時機晚了，IF 仍應該要以言語和行為，向 ET 表達自己「真正」的想法和情緒。

反之，在「EF 和 IT」的情侶關係中，都是 EF 照顧

IT，但很多時候IT不太會感謝EF的付出，反而會認為「非說出口不可嗎？你應該都懂吧」。當EF向IT尋求認可、希望得到IT的回應時，IT卻只會以簡短地點個頭這種略顯節制的方式表達。如果EF忍到後來受不了而爆發，IT就會以更簡潔的肢體動作和表情冷靜地回應。要是EF哭了，IT可能會認為EF是在攻擊自己，而一語不發地離開。

「EF和IT」這對情侶，需要考慮因彼此不同的特性而帶來的限制和可能性。雙方都需要明白，自己能順利完成的事，對對方來說可能是困難的；對自己而言困難的事，對方也可能認為非常容易完成。此外也需要釐清並具體理解，兩人的應對模式實際上有何不同。每當EF對IT失望時，建議可以重新回憶第一次被IT吸引時感受到的IT的靈敏思維，而IT也要重新回想EF積極表達心意時散發出來的魅力，暫時給自己一些舒緩心情的時間。

MBTI 的功與過
「怎麼可以將人分成十六種？」

近期，連藝人的個人簡介都會寫出他們的 MBTI 類型，對於喜歡偶像的粉絲來說，了解自己喜愛的偶像的 MBTI，是一個非常重要的資訊。因此，隨處可見偶像團體以 MBTI 類型為題材拍攝的影片，比方說成員一起做 MBTI 檢測，邊聊天邊了解自己的類型等等。MZ 世代*對於身分認同開始有所思考，並對該如何認知和形容自己及他人產生了興趣，這帶動了 MBTI 的廣泛流行。最重要的是，大家可以透過 MBTI 來探索彼此，這確實可說是 MBTI 帶來的好處。

不過，MBTI 將人分為十六種，這點讓重視自我獨特性的 MZ 世代年輕人相當反感（二十年前血型只有分四種，現在分成十六種，是不是比以前好一點……這句話聽起來太像狡辯了，所以放在括弧裡）。顯然這不是數量的問題，就算將十六種分成三十二種，似乎也沒有比較好。準確來說，「怎麼可以將人分成十六種」的不滿，是針對 MBTI「類型化」的批判。

但是實際上，我們會觀察世界上的許多東西，加以分類並命名（哺乳類動物、爬蟲類動物、動植物等）。不僅是性格，我們對身體、精神也是這樣檢測和分類，再針對其類型進行解讀。（雖然性別不能明確劃分為男性和女性，但為了方便起見，仍會考量兩者不同的特性，並區分為男和女。作為精神健康診斷指南的 DSM–5[**]，為了擺脫類型的限制，以「光譜」的概念來說明疾病，因為光譜呈現的是特性的強度，但是直到 DSM–4 為止，都還是將焦慮症、憂鬱症及各種症狀分類說明。）分類後的資訊，會成為我們的「知識」。將人種分為黑人、白人、黃種人、亞洲人、美國人等，也都是分類後的資訊。

生活在自動將許多事物分門別類的世界，為什麼大家偏偏對性格的理解有如此敏感的追求呢？也許是因為，自我的某些部分，是分類後仍無法解釋、不被理解的。MBTI 就跟其他分類的資訊一樣，無法「完美」地解釋人類，頂多只能解釋讀這本書的你、你的朋友和愛人的一小部分。這確實是 MBTI 的限制，其他性格檢測、心理測驗、血液檢驗，甚至看似毫無誤差的體重機也是如此。（體重機哪會了解我啊？）

所以，要是只憑著限制如此明確的 MBTI 結果，就當著對方的面說出「我蠻了解 INTP 的。你不是不相信 MBTI 那種東西嗎」，然後表現得好像自己完全了解對方一樣，那麼對方會覺得自己多麼被侷限、多麼不被理解呢？像這樣利用 MBTI 判斷對方的對話方式，並不是在「溝通」，而是在加劇「疏遠」的情況。當你努力想要理解自己和對方時，MBTI 頂多就是像「鑰匙」一樣的工具。所以，不要利用 MBTI 來侷限身邊的人，但也不要因為不相信 MBTI 而太過抗拒。體重、血壓、年齡這些東西，在平凡的日常生活中只是數字，但當我們因罹患疾病而住院時，這些資訊就變得非常重要。MBTI 也是如此，在想要深入理解某個難以理解的人時，可以成為提供重要資訊的存在。

* 通常指的是 1980 年代初期到 2010 年代初期出生的人，由 M 世代和 Z 世代組合而得名。

** 全稱為 *Diagnostic and Statistical Manual of Mental Disorders, Fifth Edition*，精神疾病診斷與統計手冊第五版。用以作為精神治療的診斷工具。

A

Love is …

你，是讓我
想成為更好的男人的人。
為了某人，而想成為某個樣子。
愛情就是如此吧？

電影《愛在心裡口難開》

第二部

戀人默契解密！

你需要知道的
MBTI戀愛細節戰略

第一章

享受現在這個瞬間很重要

ESTP, ESFP
ISTP, ISFP

在戀愛中也不會失去「自我」的
ESTP

「表現自我，比什麼都重要。」

 # 享受瞬間 # 充滿活力的企業家
 # 表達力 55000% # 每次都真心去愛

ESTP 的魅力，在於無法預測他的去向。ESTP 擁有不受任何地方束縛的自由靈魂，身邊總是聚集著被 ESTP 的自由不拘吸引的人，而 ESTP 對於與人相處、受到關注也不會感到負擔。ESTP 喜歡人群，是因為即使和別人在一起，他也總是能把自己放在中心的位置。如果覺得自己似乎不是中心，他就會試圖移動到別人所在的地方。ESTP 將五感專注於當下自己所處的空間，以及這個空間裡發生的事情上。如果有初次見面的人，ESTP 會上前詢問：

「您好！初次見面，請問怎麼稱呼您？」

ESTP 在表達自己的想法或心意時毫不猶豫，所以會為了獲得對方的好感，而採取積極的行動。由於自尊心較強，因此很容易接近陌生人、與陌生人搭話，很快就能和對方親近起來。雖然經常會因為表達自己的想法和情緒時太直率，而讓對方驚慌失措，但 ESTP 並沒有惡意。

ESTP：懂得享受當下的火熱冒險家

ESTP 的心中，抱持著「人生只有一回，現在就要隨心所欲行動」的價值觀在生活。如果有了目標，他不會先思考如何實現，而是會為了實現目標，滿腔熱血地行動起來。

他的執行力有多強呢？舉例來說，如果有了「想當演員」的願望，那麼他第二天就會為了就讀俄羅斯的藝術學校，準備出國前往俄羅斯。像是要在哪裡學俄文、藝術學校的學費和入學程序為何、在俄羅斯生活至少需要多少錢這類問題，並不是 ESTP 會優先考慮的。ESTP 一旦有了目標，彷彿沒有什麼事可以阻止他，即使可能會失敗，ESTP 也不會擔心。就算 ESTP 後來未能考取俄羅斯藝術學校，回到家鄉後，ESTP 也會對自己走過的路相當滿意，不會因為失敗而痛苦很久。他會把在那裡遇到的好人以及自己充滿熱情的模樣，當成美好的回憶，然後轉換想法問自己：「那麼，現在我該做什麼呢？」

ESTP 不反省過去，也並不恐懼未來，唯獨專注於現在。對於 ESTP 來說，重要的是「此時、此地」和「自己」。ESTP 把自己的幸福置於首位、享受當下，是以冒險家的精神活出自己生命的人。

不過，ESTP 偶爾會因為不考慮外在限制、一心朝著目標衝刺的態度，而錯過珍惜 ESTP 的人所給的真心建議。因此，有時會朝著錯誤的目標前進，偶爾還可能做出危險的選擇，讓自己至今累積的一切毀於一旦。

ESTP 偶爾會像賽馬的馬匹一樣，視野受限，只朝著目標往前衝，或者把生活當成賭博那樣孤注一擲，這種時候有必要暫時停下來觀察風景，重新思考周圍的人給的建議，不要急著作判斷。對於 ESTP 來說，需要時間來了解自己的目標是否會把自己導向不好的地方，以及自己是否過於盲目了。當然，ESTP 不會被過去的錯誤所束縛，也不會後悔很久。

以家中排行看 ESTP

老大ESTP

所有事情都是兄弟姊妹中第一個做的，所以會覺得自己很有能力，偶爾會陶醉於自己的成就中，覺得自己理所當然要成為家庭的中心。無法理解弟弟妹妹因此感到憤怒和嫉妒的心情，成年後聽到弟弟妹妹說出「我因為哥哥（姐姐）而總是被父母冷落」這類的話時，才會受到衝擊。可能會因為只按自己的意思行事、忽略家人的感受，而在家人心中留下自私的印象。因此，當家人得為自己犧牲、作為自己的後盾時，不該視為理所當然，而應該多關心其他家庭成員的想法。

排行中間的ESTP

排行中間的 ESTP 不同於老大和老么，他會想要走自己的路。如果因為排行在中間，從父母那裡得到的愛不及老大和老么，那麼他就會想要以 ESTP 獨有的魯莽魅力，來得到父母的愛和認可。但如果成效與努力不成正比，他就會瀟灑地走出家門，試圖從家人以外的其他人身上得到認同。在這樣的情況下，排行中間的 ESTP 就算在外面取得了很好的成績，家人也可能完全不知道，由於光芒被老大和老么所掩蓋，很晚才得到家人的認可。

老么ESTP

作為老么的 ESTP，在接受自己出生地位的同時，覺得自己理當要受到關注，所以會用搞笑等方式展現驚人的幽默感，試圖抓住父母的心。父母對老么的態度相對寬容，因此老么 ESTP 會比老大和排行中間的 ESTP 更能隨心所欲地享受冒險。ESTP 可能會在某天突然被什麼東西迷住，變得與以前截然不同，在 ESTP 的成長過程中，這種狀況會反覆出現好幾次。

獨生子ESTP

獨生子從小自然不會受到兄弟姊妹的牽制，因此能在更專注於自己的環境下成長。如果是學齡前的兒童，雖然在家或外面耍賴時會讓父母為難，但得到自己想要的東西後，就會露出開朗的笑容，彷彿什麼事都沒有發生過一樣。ESTP 為了適應學校等社會環境，需要比其他類型付出更多努力，不僅需要訓練他們觀察自己的需求，還要訓練他們觀察別人的需求。

ESTP 的愛情：活在當下，沒有剎車和退路

如果你迷上了 ESTP，很可能是因為他充滿自信的態度。但相同的面貌，也可能產生完全不同的評價，也就是認為 ESTP 的自信毫無根據，因此對 ESTP 感到失望。ESTP 只要有想要的東西，就會在人們面前光明正大地表達，面對自己所愛的人也是如此。由於 ESTP 經常擔任系上的代表或聚會的領導者，與人相處的時間也很多。ESTP 會表裡如一地在朋友之間展現出天真爛漫的真實面，連在你面前也不例外。看似傻乎乎、毫無想法的樣子，不過一旦迷上了什麼東西，ESTP 就會表現出衝鋒

陷陣的激動面貌。

如果 ESTP 對你有意思，就會積極靠近你，跟你搭話。「你喜歡什麼？」、「假日通常都做些什麼？」，這些都是在表達好奇心以及對你的關注。但問題是，即使只有些微的關注，ESTP 也會接近對方，並且毫無顧忌地提問。就算 ESTP 表現出喜歡你的樣子，努力想獲得你的好感，當天回家後還是要繼續觀察他的態度是否依然。因為他用閃閃發光的眼神注視著你，可能只是為了滿足那個當下對你的好奇心而已。

ESTP 認為，只要他想，就可以讓對方喜歡上自己，他們對這點相當自信。如同李孝利的歌曲《10 Minutes》的歌詞所說的，只要十分鐘，任何人都會被自己吸引。這說法並不是完全錯誤，因為 ESTP 只會記住成功的事，並不介意失敗，所以他們真的有可能那樣想。

「我只活在今天，我會如實地表現出當下的我。」

ESTP 的愛情令人覺得強烈又不安，因為 ESTP 是只活在當下的人，昨天像要把自己的心臟掏出來一樣熱烈地告白愛意後，第二天卻可能露出一副「你是誰」的表情，待你像初次見面的人一樣。你會搞不清楚 ESTP 是否真的愛你，因為十分鐘前還說愛你的人，現在竟然因為你臉上沾到海苔粉而嘲笑你，還捧腹大笑。如果 ESTP 已經擄獲了你的心，那麼在和 ESTP 談戀愛的過程中，這種混亂可能會經常發生。再加上 ESTP 身邊的朋友和異性朋友很多，並不會只把心思放在你身上，戀愛時，ESTP 這種一心多用的樣子也會令人心急如焚。

可以肯定的是，ESTP 對自己當下的情感相當坦率，不會想要隱藏自己的愛意。如果你不會因為 ESTP 喜怒哀樂分明的表達方式而動搖，還能夠穩住重心，那麼即使 ESTP 的注意力暫時跑到別的地方去，還是會再次回到你身邊的。

與 ESTP 約會：刺激五感、愉快且自由的體驗

和 ESTP 戀愛的話，能夠享受到充滿刺激的活動。ESTP 喜歡衝浪、攀岩、潛水等在大自然中刺激五感的高強度活動，所以如果你也喜歡高強度的身體活動，就再好不過了。或者，也可以在天氣好的時候去公園騎個自行車或滑板車。如果你無法承受 ESTP 高昂的興致，ESTP 就會常常跟自己的朋友運動，或開始參加同好會。不知道你怎麼看待情侶不是每天黏在一起，而是像這樣各自享受自己的時間，但是對 ESTP 來說，這樣才有助

於維持活力。

ESTP 無論在哪裡都很受歡迎，如果硬要兩人形影不離，ESTP 很快就會覺得喘不過氣。這裡指的不一定是身體活動上的限制，要把 ESTP 像「所有物」一樣綁在身邊是很難的。ESTP 在交往時比起歸屬感，更追求自由，當他覺得自己不自由、受到約束時，就會想離開你。

如果你珍惜 ESTP 這樣的愛人，就應該把 ESTP 想成必須在天空中翱翔的鳥，努力不讓他們的翅膀被折斷。「ESTP，自由地飛翔後再回來吧！」

各年齡層 ESTP 的特點和戀愛攻略

二十歲的ESTP

享受人們的目光、毫無顧忌地散發魅力的 ESTP，身邊總是有許多人停留。如果想吸引這樣的他，只要像 ESTP 一樣活躍地享受活動就行了。或者，如果你是足以引起 ESTP 好奇心的神祕人物，他就會先過來搭話。但即使 ESTP 表現出對你的關注，也可能會在某一天突然說「要尋找真正的自己」，然後就去遠方旅行了，這時請不要驚訝。

三十歲的ESTP

雖然已經習慣了一定程度的社會生活，但很多方面都還有不足之處。ESTP 在工作時開朗且積極，儘管有著熱情的勁頭，他們有時卻不太能把自己的事妥善地收尾。若想追求同在一個職場中的 ESTP，協助 ESTP 好好將工作收尾，會是不錯的方法。如果不在同一間公司，而是因其他場合相識的話，當 ESTP 在各處展現自己的魅力時，可能會浪費錢或把東西弄丟，若能在背後保護 ESTP，就能擄獲 ESTP 的芳心。

四十歲的ESTP

這時的他們已經對工作很熟練，對自己缺乏的部分也有一定的了解。重視工作和生活平衡的 ESTP，會明確區分工作和私人生活，平日在職場上會拚命努力工作，彷彿是為了休假而工作一樣，休假時則會徹底捍衛自己的時間，非常討厭被打擾。四十歲時已經有自己一套固定的生活模式，如果想留住四十歲的 ESTP，就要尊重他的興趣或跟他一起享受。但就算是一起享受興趣愛好，ESTP 還是需要獨處的時間，這樣也有助於維持關係。

給愛著ESTP的你的建議

- 你會被 ESTP 冒失的一面吸引，卻也會因為 ESTP 說出口的話而受到傷害，沒必要為了摸透 ESTP 話中的含義而想太多。如果第二天問他，他也可能會回說「我有說過那種話嗎？」，他只是當下那樣說說罷了。

- 即使留住了 ESTP，也不可能長久維持像剛交往時那樣的狀態。ESTP 的自由精神，是誰都阻擋不了的。要不要試著像 ESTP 一樣，創造屬於自己的時間呢？

- ESTP 忙著追尋目標時，常常會沒有注意到細節。如果能夠照顧他的話，ESTP 就會把你視為不可或缺的存在。

像一隻華麗飛蛾的
ESFP

「愛情就是熱情。」

華麗的舞臺燈光照耀著我 # 日常就是紅毯
悸動也是日常 # 每天相愛

ESFP 即使在不是自己主辦的派對上，也像舉辦派對的主人公一樣受到關注。就算遇到很多人，他還是能記住每個人的名字和長相，再次見面時會熱情地打招呼，喜歡與人相處，也希望能在人群中受到喜愛。ESTP 會從人們投向自己的溫暖目光中獲得力量，所以常常會為了得到人們的好感，而做出一些舉動。ESFP 的魅力，在於他出色的觀察力。

「喔～你的髮色變了，這個顏色跟你白皙的皮膚很搭。」

「你笑起來的樣子真美。」

即使只見過一兩次，ESFP 也能察覺到對方髮型的改變，發現別人的優點並給予正面的回饋，因此自然能得到許多好感。此外，應對大部分的危機狀況，他都能駕輕就熟，輕鬆轉換僵硬的氛圍。ESFP 擁有驚人的判斷力，這是因為他很清楚現在周圍的人正期待著什麼。如果 ESFP 想要得到某人的好感，就會發揮他卓越的觀察力，用對方想聽的話來表達。

ESFP 喜歡散播幸福的氣息給身邊的人，因此他最無法忍受的就是「衝突」。他想用快樂來填滿生活，可是若有人表達對他的不滿，或者他喜歡的人之間發生口角，還被掃到颱風尾，他就會不知道該如何是好。雖然 ESFP

會覺得處理負面情緒很棘手，所以想要逃避，但往往事與願違。同樣地，他也很難對別人表達不滿，常常寧願自己稍微吃虧或不自在，也不願意再追究，而是讓事情就這樣過去。

ESFP：機智滿分，魅力令人難以抗拒

ESFP 對新鮮的經驗抱持開放態度，同時對於現在交付給自己極小的事也懂得感謝。愛情故事的女主角經常就是 ESFP，好比《我叫金三順》中散發正能量的金三順，《Oh 我的鬼神君》中被處女鬼附身時的羅奉仙，或是《冰雪奇緣》中不失去希望的安娜。ESFP 擁有令人無法抗拒的魅力，他們真心珍惜別人、為別人犧牲，因此在愛情故事中，即使親近的人讓自己深陷危機，他們依然不會為此感到悲傷，而會想辦法克服。除此之外，他們不僅隨性，性格還有些急躁，所以會製造出各種意想不到的情況，讓生活變得有趣。

ESFP 開朗且擅長社交，善於傾聽別人說話並給予很大的反應，但是只要談到嚴肅的主題，就會發現他們常常難以專注。這是因為 ESFP 對迷茫的未來並不感興趣的緣故。

當朋友提到「我們快三十了，要考慮一下以後該怎麼生活」時，ESFP 就會說「唉唷，難道生活會照著計畫走嗎？只要充實地活著，未來也不會太差吧？」因為他們認為，比起未知的未來，專注於現在、掌握現在身邊的人和自己想做的事情更重要。但是，在前述對話中想談談嚴肅主題的朋友，可能會覺得 ESFP 像孩子一樣。如果你對 ESFP 露出失望的表情，ESFP 很快就會察覺到，會覺得受傷而暫時變得畏縮。但有 99.99% 的可能，他在隔天就會把這些事忘得一乾二淨，再次露出燦爛的微笑向你問好。

以家中排行看 ESFP

老大 ESFP

會坦率表達自己的情緒，如果父母或弟弟妹妹中有極 I 的人，他可能會覺得有壓力。當家人中有人不高興時，會主動靠近那個人跟他說話，努力讓對方心情變好。因為 ESFP 比任何人都更希望家人幸福，所以什麼都願意去做，但做法可能不如自己的用意那麼細膩，所以常常無法收拾殘局。

排行中間的ESFP

雖然可能常常因為沒能得到家人的關注而感到難過，但是他不會讓自己難過太久。即使生氣了，只要當事人過來道歉，他很快就會消氣，重新表現出愛意。為了家人的和平，他會順從老大，盡力照顧弟弟妹妹。

老么ESFP

如果覺得家人因為自己年幼而忽略自己的欲望和情緒，就特別會在家人面前表現得很畏縮；相反地，如果覺得家人喜歡自己、為自己著想，就會表現出像小狗一樣活潑可愛的樣子。若是在較為開放的家庭氛圍下，即使老么 ESFP 的成長稍微緩慢，父母也會說「沒關係，像現在這樣開朗地成長就好了」，並等待著 ESFP 的成長。

獨生子ESFP

生長在不用特別努力也備受矚目的家庭環境，長大後到了外面，才會驚訝地發現這不是理所當然的。但因為想要受到關注的欲望很強烈，所以無論如何都會找到方法。他很好奇別人是否「真的」喜歡自己，也會根據氛圍發揮幽默感，投對方所好。即使得到父母的寵愛，也不會就此滿足，還想要得到朋友、學長姐和老師等所有人的關愛，因此若無法得到，就可能會表現出有點畏縮的樣子。

ESFP 的戀愛：傾注熱情、永不回頭的勇士

他在愛情中會表現出非常勇敢的樣子，讓人不禁覺得從來沒見過這麼勇敢的人。ESFP 對愛情傾注熱情，不會抗拒成為炙熱愛情的奴隸。有時候會表現出被愛情蒙蔽的樣子，如果是名人，可能會因為不倫戀而引發世紀醜聞。在愛情方面遇到障礙物時，他會認為應該要跨過障礙，因此表現出更渴望對方的態度；但在愛情開花結果後，如果 ESFP 覺得自己受到關係的約束，就會心灰意冷，無論自己過去付出多少努力，都會想要放棄。雖然會對這樣的自己感到痛苦，但是見到朋友後，卻又會變得非常開朗。在與戀人的關係中感到鬱悶痛苦時，要是出現另一個熱情的對象，很可能會立刻被吸引過去，所以務必要小心。

如果你迷上了 ESFP，可能會對他的親和力與卓越的判斷力，給予很高的評價。但是 ESFP 可說是「大紅人」，

除了你之外，肯定還有很多人喜歡 ESFP。無論男女都會圍繞在 ESFP 身邊，即使你想接近，也很難找到空隙。儘管如此，如果他覺得你很細心照顧他，還是會被你的樣子迷住的。一旦他喜歡上你，就會慢慢發現他的視線越過了許多人，只對著你笑。

「你去哪裡了呢？吃過飯了嗎？今天天氣這麼好，要不要去哪裡玩？」

也許 ESFP 還會一直跟在你後面，持續跟你搭話。當這麼受歡迎的 ESFP 像小狗一樣跟著你時，連路過的人都知道 ESFP 喜歡你。ESFP 會毫不猶豫地表達自己的心意，為了讓你喜歡上他而竭盡全力，因此如果 ESFP 下定決心接近你，要拒絕他是非常困難的。即使你是銅牆鐵壁，也會因為 ESFP 找不到一絲陰影的開朗模樣，而在某一刻笑了起來。新的羅曼史篇章就這樣開始了。

與 ESFP 約會：充滿活力、提供新刺激的活動

ESFP 會盡最大努力讓你幸福，每次見到你就像看到天使一樣，眼神閃閃發光，常常準備驚喜、送禮物。他在戀愛初期確實會這麼做，但如果已經過了見到你會悸動的階段，變得越來越習慣，ESFP 可能很快就會覺得

無聊。ESFP 雖然會因為不想讓你失望而盡力溫柔地對待你，但當你認真說話時，他卻可能經常表現出心不在焉的樣子。要是你對 ESFP 的這種面貌感到失望，開始表露自己的不悅，那麼 ESFP 就會積極地準備逃跑，這時你可能會覺得莫名其妙：「以前是你那麼喜歡我還來追我的耶！」

不過，這並不意味著與 ESFP 的戀愛總是很短暫。如果 ESFP 仍然對你保持溫柔的態度，就代表 ESFP 的愛火只是比以前減弱了而已，並沒有熄滅，還是有方法能讓愛火重新熊熊燃燒。其中一個可以努力的部分，就是在與 ESFP 談戀愛時舉辦各種有活力的活動，讓他身邊充滿有趣的人，這樣他就沒空感到無聊。ESFP 喜歡運動，也喜歡能和很多人一起玩樂的派對或俱樂部等場合。如果你也喜歡和大家一起玩，最好能帶著 ESFP 一起享受；如果你不喜歡，至少也要送 ESFP 到這種地方。要是你喜歡靜態的活動，最好能跟 ESFP 制定折衷方案，一起去聽爵士音樂節或參加演唱會。畢竟，如果人生重要的經驗中沒有伴侶在，還有必要繼續戀愛下去嗎？另外，和 ESFP 談戀愛時，最重要的是要常常稱讚他們「你太棒了！」反應越大，效果就越好。對 ESFP 的過度稱讚，就是延長 ESFP 耐心的好方法。

各年齡層 ESFP 的特點和戀愛攻略

二十歲的ESFP

參加迎新活動後，他極有可能會成為班級代表。在大學的許多活動中擔任總召，喜歡跟人打交道，想得到認可和喜愛，因此會在人群中有亮眼的表現。當他想要耍帥時，就會比任何人更先舉手說「我來做！」如此熱情的 ESFP，其實是需要很多幫助的。所以如果你能把他照顧好，他的目光就會轉向你。

三十歲的ESFP

擁有去面試會無條件通過的特質。在公司人際關係融洽，但是和經營管理組或會計部的關係可能會不太好，因為如果抱持著「大家開心就好」的態度工作，公司反而會入不敷出，呈現負成長。當他遇到深思熟慮、傾向於保守的上司時，職場生活可能就會開始變成悲劇；但如果與完全相反類型的人親近，反而能成為互補的關係，締結一輩子的緣分。如果喜歡職場中遇見的 ESFP，最好能積極稱讚他的優點；如果是私下與 ESFP 認識並交往的話，最好能給他稱讚和保健食品，表達你對他的關照。

四十歲的ESFP

身為職場前輩，雖然對晚輩比較寬容，偶爾還是會讓晚輩感到疲憊，因為 ESFP 一旦開始誇耀自己，有時就會停不下來。一般情況下，晚輩都會硬擠出笑容，所以 ESFP 會非常高興。ESFP 的力量來自身邊的人的鼓勵，因此即使疲勞，最好還是在力所能及的範圍內稱讚 ESFP。就算你反覆稱讚他，他也不會覺得無聊，所以不用太在意是以什麼名目。

給愛著ESFP的你的建議

- 是 ESFP 先向你告白的嗎？是在人來人往的街道上跪下來告白，還是抱著一束大得能遮住臉的花說愛你呢？如果 ESFP 喜歡你，會讓你覺得自己就像偶像一樣。
- 當你對愛情抱持認真的態度時，可能會覺得 ESFP 有點孩子氣。即使如此也要想著，何時還有機會遇到這麼開朗的人呢？比起思考未來，如果你也能像 ESFP 一樣專注於現在，那麼彼此都會很幸福的。
- 每天都要稱讚 ESFP！想成是把 ESFP 當初給你的愛儲存起來後，再加點利息一起還給他。重新找回活力的 ESFP，又會再次積極向你表達愛意的。

拿出一克拉鑽石，說是在路上撿到的

ISTP

「我愛你，還需要表達更多嗎？」

 # 既是冒險家又是維修師傅 # 像馬蓋先一樣的人
 # 什麼都做得很好 # 興趣是獨處

ISTP 不太會參加派對，不得不去的時候，他會在最不顯眼的角落，斜靠在柱子旁獨自觀察人們。不過，萬一這場派對上發生了什麼事情，其他人驚慌失措、不知該如何是好時，ISTP 就會一副無可奈何的樣子，採取行動解決。從換燈泡這種小事到有人暈倒之類的大事，ISTP 都能迅速應對，但是平時他絕對不會主動站出來。如果他憑藉自己的努力獲得巨大成果、獲頒獎項時，ISTP 不會沉醉於結果，反而會覺得自己被獎項束縛，因自由受到了限制而感到苦惱。不過苦惱沒多久後，他又會回到老樣子，不管自己之前成就了些什麼，還是會按照一直以來的方式選擇去冒險。

ISTP：只向親近的人展現魅力的傲嬌類型

ISTP 瀟灑、有趣且充滿魅力，不了解 ISTP 就不會知道，可是很多人一旦了解之後，就會深受其魅力吸引，一時無法自拔。他不會向別人展示自己，也不依賴別人，同時守護自己的隱私，忠於活在當下。他的心態是「雖然不知道明天會如何，但我會做我現在能做的事」，即使很累也會忍耐堅持。雖然不太喜歡向別人展示自己，卻會對少數親近的人若無其事地表達出來，這點非常有趣。平常一開口就直言不諱，所以朋友們偶爾也會被他嚇到，但是看到 ISTP 為朋友們做的事，就能感受到他的愛意。比起言語，他更傾向於用行動來表達，而且在付出時不會想著要得到回報。

ISTP 難以忍受的是死板、階級秩序明確的組織文化。雖然他以自己的方式在忍耐，但不愉快的心情都寫在臉上。如果其他人說出了侵犯他私生活的言論，用一副自己很了解 ISTP 的態度隨便說話，ISTP 就不會繼續忍受，而是會說出非常一針見血的批評。平時不怎麼說話的人，突然用冰冷的表情說出犀利的言語時，很有可能讓聽到的人受到衝擊而呆掉，一時之間說不出話來。ISTP 絕對不會說廢話，所以即使受到衝擊，也要好好銘記 ISTP 的話。

ISTP 在做自己的事情時，會試圖以最有效的方式完成。他追求自由，不願被人際關係束縛，所以比起公司這類的組織，若能成為自由工作者，他就能更愉快地工作。即使是在公司上班，也會利用休假獲得的自由時間或退休後的時光，在不受任何人妨礙的情況下獨自探索未知世界，這是 ISTP 一定要有的充電時間。

以家中排行看 ISTP

老大ISTP

當父母問起「弟弟妹妹在哪裡」，他會回答不知道。平時看起來不太關心弟弟妹妹，但如果弟弟妹妹回家時說自己被別人欺負，他就會牽著弟弟妹妹的手，去找打他們的人報仇。不僅在父母眼裡，ISTP 在弟弟妹妹眼中也是自由的靈魂，只要家人不要強行進入自己的房間、不要追問今天發生了什麼事情，ISTP 就不會有什麼不滿。

排行中間的ISTP

要是父母只關心老大和老么、不關心自己，他也不會太在乎。他會說「看來就是這樣，算了」，然後一個人在房間玩樂高或公仔。在大節日跟親戚見面或參加家族聚會時，他只會默默地坐在角落，被問到問題時，也只會以簡單扼要的方式回答。

老么ISTP

通常對別人說的話都左耳進右耳出，但如果別人因為自己是老么就小看他或侵犯他的領域，他可能會氣到瘋掉，像戰士一樣突然撲上去，死守自己的領域。不過，只要沒有人越過 ISTP 的領域，ISTP 就會追求和平，不會有太大的野心。雖然是老么，但也不是很需要人照顧的類型。

獨生子ISTP

從小就表現出獨立的一面。當父母跟他說「在這裡等我一下」然後拿出有趣的拼圖時，他就會一邊玩拼圖，一邊靜靜地等待。但是，小時候要是對什麼事產生好奇心，可能就會安靜地離開座位，因此從父母的立場來看會相當令人擔心。由於是獨生子，所以長大後，ISTP 可能會更獨立。

ISTP 的戀愛：無聲無息卻強烈的存在感

ISTP 很安靜且不怎麼談論自己，所以需要一點時間，才能了解他是怎麼樣的人。即使你主動搭話，也可能會得到他冷淡又簡單扼要的回應，所以會覺得很難跟 ISTP 聊天。然而 ISTP 一旦認定你進入了他的領域，就會經常表現出調皮的樣子，說話的口吻也會變得溫柔。雖然他在別人面前仍然保持冷漠的態度，但唯獨在你面前會撒嬌，所以和 ISTP 談戀愛既私密又有趣。

如果你迷上了 ISTP，也許是因為他又酷又神祕的魅力，表面顯得冷漠，內心卻很溫暖。雖然嘴上嫌麻煩，但當你真正請求幫助時，他卻會二話不說地給予幫助。儘管如此，ISTP 平時會若無其事地說出一些很直接的話，這可能會傷害到你。如果真是如此，最好馬上告訴 ISTP。

「聽到你那樣講，我心情不太好，你可不可以用別的方式表達呢？」

如果你這麼講，ISTP 會大吃一驚，因為他不認為自己說的話會傷害到你。他覺得自己沒有惡意，只是直接了當地說出正確的事實，應該無傷大雅，但在聽到你的話之後，他會意識到自己發言應該多加小心。不過，有一點需要注意，如果太常對 ISTP 發牢騷，ISTP 就不會想對你傾訴心聲，反而會覺得你們不合適，準備把你一點一點地推出他的領域之外。

ISTP 在談戀愛時是只注視著你的向日葵，雖然對別人很冷淡，卻願意為你犧牲。雖然嘴上說「棉被外的世界很危險」，但只要你提議要出門，他還是會默默地發動汽車。ISTP 平時也會觀察你需要什麼，然後默默地照顧你。他不會要求你付出得像他一樣多，而且雖然他常常不理會別人的來訊，但只要是你打來的，他就會馬上接聽。

和ISTP好好相處的方法，就是不侵犯ISTP的自由。ISTP自己設定的領域比任何人都還清晰，在該領域的中間只有自己。無論你跟他有多親密，也無法進入ISTP的核心領域。ISTP絕對需要獨處的時間，如果他覺得對方不考慮這點，就會認為自己被束縛而試圖擺脫關係。雖然因為性格內向而不太常表達，但他會把握機會，直言不諱地表達自己的想法，例如「我今天想待在家」。所以聽到ISTP提出要求時，不要因為難過而冷漠地對待他，還是要盡量尊重他。

ISTP對你沒有太大的期望，他自己能獨立生活，所以會（理所當然地！）認為你應該也能獨立生活。ISTP在戀愛初期對你好，是因為他覺得這樣有助於你獨立，並不是為了主導你的想法，更何況他根本沒有想過要對你的人生負責。如果你抱著「他是我的戀人，應該沒關係吧」的心態想要倚靠ISTP，ISTP就會無法理解。

因為，ISTP對人生的一貫主張是：「人不都是獨自生活的嗎？」

與 ISTP 約會：樸實而體貼的真實日常

ISTP 看電影時，更喜歡以現實為背景的電影，想要看像是《與犯罪的戰爭》這種打打殺殺後乾淨俐落地結束的動作片，或是以史實為基礎的《逆鱗》、《鳴梁》等等。但是，只要你說你想看，無論是安靜的獨立電影，還是持續刺激淚腺的家庭電影，他都會陪你看。打從一開始，他就覺得電影和小說這種作品只是故事罷了，很虛幻，要是你一直想要跟他分享感動的部分，ISTP 會覺得非常難以回答。電影結束後，如果你深受感動而流淚，他可能會用看到了有趣事物的表情觀察你。

和 ISTP 約會時，不需要去很遠的地方或是吃什麼特別好吃的東西，只要和你在一起，就算是在小吃店吃紫菜包飯，他也不會有什麼不滿。即使只在家裡約會也不會覺得悶，甚至還會覺得這樣更自在。如果沒有事情必須出門，ISTP 可以在家裡舒服地待上好幾天，所以要是你覺得很悶，就要向 ISTP 明確表達。如果你不說清楚自己想要什麼，ISTP 可能到最後都無法察覺。

ISTP 本來就很樸實，喜歡你原本的樣子。只要你說想做什麼，ISTP 都會努力配合，但即使如此，他也不可能變成活潑的人。最重要的是，就像 ISTP 會為你努力一樣，你也應該給 ISTP 獨處的時間，否則 ISTP 的耐心達到極限後，可能會對你說出狠心的話之後消失不見。即使給他個人時間，ISTP 也不會跑去外面充滿誘惑的地方，只會待在家裡玩 PS 或組裝公仔，所以不要太擔心。ISTP 在那段時間會覺得自己有充到電，交往時會對你更忠誠。

各年齡層 ISTP 的特點和戀愛攻略

二十歲的ISTP

如果是在系上或社團中認識 ISTP，剛開始可能會覺得他難以親近。因為他不容易對人產生感情，所以在你跟 ISTP 變得親近後，就會發現他有一面是只展現給你看的。在靠近 ISTP 之前，最好先檢視自己是否會介意 ISTP 消極的態度和生硬的口吻。如果你不介意 ISTP 的表達方式，那就是天賜良緣了。

三十歲的ISTP

通常不會匆促行事或魯莽採取行動，但是對於他認為自己該做的事，會試圖盡最大的努力。對於分工不明確的工作，他可能會作出「我非做不可嗎？」的反應。

他喜歡獨自喝酒或在休假時睡很久，這種時間對 ISTP 來說是絕對必要的，所以最好能體諒他。

四十歲的ISTP

重視現實，沒有太大的野心，在職場上已經累積一些經驗。四十歲的 ISTP 會比年輕時更堅定地守護自己的領域。和你談戀愛時也是一樣，最好能各退一步、守護彼此的領域。由於愛好很明確，所以只要觀察平常 ISTP 喜歡什麼，並在大部分的對話中提到他喜歡的東西，ISTP 就會認為你很適合他。

給愛著ISTP的你的建議

- 他已經明確表達說喜歡你，但見了面後不說話也不積極表達，因此讓你覺得混亂嗎？當你摸不清情況時，請觀察 ISTP 的行為。
- 雖然偶爾會對 ISTP 的直言不諱感到驚訝，但 ISTP 沒有惡意，所以只要表達你的不悅，他以後就會小心的。儘管如此，要不要也試著努力接受 ISTP 原本的風格呢？
- 雖然看起來沒什麼責任感，但其實他正在用自己的方法解決，所以不用擔心。儘管你是出於擔心才說出口，可是如果 ISTP 覺得你太嘮叨，可能會認為你侵犯了他的獨立自主。另外，不要因為 ISTP 暫時的疏遠而感到失落！

如同榻榻米一樣的
ISFP

「我只要有你就夠了。」

大自然的孩子 # 所有動物的朋友
溫暖和煦 # 等待著你

ISFP 基本上是一個感情豐富的人，但他不會對別人積極表達自己的感情，所以在和 ISFP 搭話之前，可能都不會察覺到他的親切。ISFP 雖然喜歡人群，但也希望保持一定的距離。這意味著，ISFP 喜歡和能夠認可 ISFP 的溫柔的人在一起，但如果輕視 ISFP、過度侵犯 ISFP 的領域，他就會試圖保持一定的距離。ISFP 不喜歡傷害別人，但也不喜歡自己被別人傷害，所以他不會容忍無禮的態度。

ISFP：最喜歡被窩的細膩和平主義者

作為自由獨立的靈魂，ISFP 努力保持對他人的禮貌。因此，他不希望為了自己的自由而傷害別人，而是試圖尋找所有人都能幸福的適當界線。他認為幸福不在遠方，就在自己房間的被窩裡。可能是因為如此，所以偶爾在假日時會不想離開棉被，或者會像被黏住一樣，躺在電視機前的沙發上。

ISFP 看似與世無爭，但如果對 ISFP 說出否定的言語，無論程度強弱，ISFP 僅憑語氣就能察覺到。前幾次聽到時，他還會笑著撒嬌轉換氣氛，但就算批評力道很弱，要是太常聽到，ISFP 不僅笑不出來，還會表現出非常消沉的樣子。即使如此，也無法改變 ISFP 的本質。開朗積極的樣子和在家什麼都不做的懶散樣子都是 ISFP，最好能尊重 ISFP 原本的樣貌。

細膩的 ISFP，雖然會努力以溫暖的情感帶給親近的人快樂和幸福，但最重要的還是自己。他會把自己的幸福放在首位，再考慮別人的幸福。因此，如果對 ISFP 做出越界的舉動，即使是家人，也無法期待 ISFP 再抱持著親切的態度。平時他看起來就像溫馴的小貓，開朗又毫無防備，可是一旦生氣，就會露出爪子，表現出激烈的憤怒。如果 ISFP 生氣了，趕快道歉才是上策。只要真誠道歉，ISFP 很快就會消氣，不會在心裡記仇，所以如果有好好道歉，就不用太擔心了。

以家中排行看 ISFP

老大 ISFP

會希望能和弟弟妹妹們好好相處。父母忙不過來時，會幫忙打掃或洗碗等，協助父母。但無論如何，這種行為的前提是他仍保有自己的領域，如果家人要求他負起過多的責任，或強迫他為弟弟妹妹們犧牲，老大 ISFP 會感到非常困擾。

排行中間的ISFP

他會觀察父母的意向以及老大和老么的行動後，再採取行動。雖然會為了家人的和平而默默努力，但如果家人長期無視排行在中間的 ISFP 的努力，他的內心就會受到很深的傷害。雖然不會和父母或兄弟姊妹追究，但如果連自己的領域或物品都被隨意搶走，內心會覺得受傷或深感困擾。應該要保障他擁有最低限度、不被侵犯的領域。

老么ISFP

是個很順服的可愛孩子。如果是在得到很多關愛的環境下成長，那麼無論是在家裡還是外面，他都會扮演像大海中的「鹽」一樣重要的角色。對於一般的情況，他都可以一笑置之，但如果因為他是老么，而過分嘲笑他、打擊他說「這種事誰都可以做到」，他就會展現出無力的一面，並持續很長一段時間，例如一直躺在床上。如果老么 ISFP 表現出這種提不起勁的樣子，就需要熱情地鼓勵他：「我不知道你有沒有注意到，但我覺得你真的很棒。」

獨生子ISFP

在成長的過程中，能傾聽父母的苦惱，充當小小諮商師的角色。他能理解大人，不喜歡複雜的事物，所以可以協助大人們釐清他們的煩惱。因為不喜歡和很多人來往，所以只有少數親近的人會認為 ISFP 是親切溫暖的人。如果父母都要上班，那麼即使他迫切希望得到父母的愛，同時卻也能理解父母，所以無論如何都會自己看著辦。

ISFP 的戀愛：貓和貓奴之間的微妙關係

與 ISFP 談戀愛，就像在養貓一樣。貓咪有時會允許別人摸牠身上又白又軟的貓毛，有時卻又完全不讓人碰自己，ISFP 也是如此。在你憂鬱時，他會走到你的身邊，輕輕撫摸、擁抱你的頭或背等等，溫柔地安慰你，但是如果你的言行超出了 ISFP 認為的禮儀，他就會變得非常尖銳。ISFP 敏感地回應時，千萬不要硬碰硬，而是要給他一點獨處的時間。時間過去後，他會冷靜地告訴你他感到失望的部分，如果你能聽進去，他又會再次向你表達愛意。只要釋懷，後續就沒事了，但如果他覺得不愉快的事情之後仍然一再發生，ISFP 忍耐到後來就會爆發，甚至會在某個瞬間頭也不回地離開。

即使 ISFP 今天遇到了讓自己憂鬱、不悅的事情，他也可能不會告訴你。對於要向你說出發生在自己身上不好的事情，他是非常謹慎的。一方面是因為他本來就討厭衝突，另一方面也是不想讓你心情不好。但是，如果你觀察力敏銳，即使 ISFP 不說，也能從他的表情推測出他遇到了不好的事情。ISFP 性格內向，不容易表露自己的內心，但表情卻藏不住。這種時候，不要追問 ISFP 發生了什麼事情，而是要等他自己說出來，然後以比平時更溫暖的方式對待 ISFP。如果他認為你是真正值得信賴的人，ISFP 就會主動告訴你發生了什麼事。

如果你迷上了 ISFP，也許是因為 ISFP 細膩而溫暖的魅力。雖然並不明顯，但仔細觀察後，會覺得溫暖地對待親近之人的 ISFP 看起來非常迷人。越是了解，越會覺得 ISFP 是個溫柔的人，只要和 ISFP 在一起，就覺得世界變得更溫暖了。

在愛情中，ISFP 永遠都是願意支持你的人。他能充分同理你說的話，努力讓你的心情變好。雖然有著只專注於你而犧牲的一面，但偶爾也會衝動行事。遇到積極的追求者時，可能會因為無法明確拒絕而在心中產生矛盾，留給對方想像空間或做出讓人誤會的行為。但當他怕麻煩時，可能乾脆就不跟人來往了，所以如果你已經在跟有魅力的 ISFP 交往，反而要感謝 ISFP 一個人也能玩得很開心。

與 ISFP 約會：
不勉強的舒適，在一起就足夠

ISFP 喜歡沒有負擔的約會，在咖啡廳愉快地聊天後慢慢散步就很滿足，不需要在和你約會時進行什麼特別的活動。如果有養狗，最好可以去寵物咖啡廳或公園一起散步。但是如果你提議要一起訓練狗狗準備比賽或者去跑馬拉松，他會很慌張的。他會先觀察你的表情，雖然不會在一開始就開口拒絕，但也不怎麼熱情或積極，這時如果你對 ISFP 說出負面的評價，他很有可能才會小心翼翼地表達自己的想法：「其實，和你還有你的狗待在一起，就已經很開心了⋯⋯」這句話不是謊話，是 ISFP 在表露自己真正的心意。在戀愛方面，ISFP 認為要優先尊重你，但對他而言自己也很重要，所以會等之後才說出自己真正想要的東西。

如果你問 ISFP 想做什麼，他會反問：「這個嘛……你想做什麼？」ISFP 最喜歡滾來滾去，但他怕直接說出來會讓你失望，所以可能不會說出自己想做的事情。如果你有什麼想做的，最好直接向 ISFP 表達。當你提議進行非常消耗體能的體育活動時，ISFP 會用盡自己不多的能量來陪你，但是不要期待 ISFP 會迎合你的興致。ISFP 在獨處時才能充電，所以能量很容易被外部活動消耗殆盡。ISFP 雖然不想讓你失望，也想和你待在一起，但是卻很容易感到疲憊。如果你能理解這件事，他就會成為像春陽一樣溫暖你的人。

各年齡層 ISFP 特點和戀愛攻略

二十歲的ISFP

如果因為是大學同學而認識，那他就是第一個學期不太引人注意，到第二個學期才逐漸展現存在感的類型。「天啊，我們班上有這麼帥的人嗎？」即使外貌不出眾，ISFP 的魅力依然是會滲透人心的，就像不知何時淋濕了衣服的毛毛細雨一般。當你清醒過來時，已經無法抗拒

ISFP 的魅力了。要比任何人都更快地發掘 ISFP，並積極接近，才更有機會得到 ISFP 的心。

三十歲的ISFP

在公司裡是被公認為好相處的同事，因此朋友很多。由於容易受到他人心情的影響、善於察言觀色，所以如果能從事發揮這種特性的業務工作，在職場上就會戰無不勝、攻無不克。相較於安全、精細的工作，他更適合可以吸引人且具挑戰性的工作，因此比起會計，更適合企劃。如果喜歡 ISFP，絕對不能吝於稱讚。

四十歲的ISFP

如果已經在公司擔任要職，就會牢牢地堅守工作與生活的平衡。ISFP 相當敏感，容易受到他人情緒影響，所以想要得到人們的喜愛，但同時又想遠離人們。ISFP 會集中精力工作，所以在各階段能累積職場經驗的祕訣，就是找一份能維持工作與生活平衡的工作。四十歲的 ISFP 很可能已經透過經驗，達到了工作與生活的平衡，因此最好能尊重他的平衡。

給愛著ISFP的你的建議

- 不要認為 ISFP 默默奉獻是理所當然的。以戀人來說，很難再遇到像 ISFP 一樣對你那麼溫暖的人。如果能細心察覺 ISFP 的奉獻並表達感謝，ISFP 絕不會放棄對你的心意。
- ISFP 不願意出門並不意味著懶惰，只是因為能量消耗得比別人更快，所以經常需要充電。如果你說話時語帶負面，哪怕只有一丁點，ISFP 也會難過得更想一個人獨處。這並不是你想要的結果吧？
- 他的反應有時會有點遲鈍，但這並不意味著他對你的心意變了，有時候他甚至會願意為了你，耗盡自己僅剩的能量。

第二章

每天都在做夢，
用各種方式尋找幸福

ENTP, ENFP,
INTP, INFP

像雲霄飛車一樣有趣又殺氣騰騰的 ENTP

「愛情是一場遊戲。」

我世界的主人 # 爭論促進血液循環
無厘頭的反社會人格 # 創意即將爆發

ENTP 總是充滿自信，對於任何主題，都能毫不猶豫地表達自己的想法。聽著 ENTP 說話時，不禁會產生一個疑問：「咦？他平常就想那麼多嗎？」因此，比起專心研究一個方面，ENTP 會對各種領域感興趣。他會關心人類內在的心理，對地球也很感興趣，甚至對宇宙和看不見的世界都有著強烈的求知欲。為了滿足自己的好奇心，他會激烈地鑽研，用自己獨特的邏輯將事物連結起來。

ENTP：充滿創意的天生辯論家

ENTP 是天生的辯論家，在危機狀況下，光是說一句話，也能扭轉局面。因此，他能靈活應對各種情況，喜歡用自己的邏輯讓自己面前的人驚慌失措。對於好勝心很強的 ENTP 來說，他喜歡用自己的邏輯壓制對方。儘管討論結束後，對方氣得臉紅脖子粗，但 ENTP 完全不受影響，還是笑咪咪的。ENTP 的這種面貌，會讓人誤以為 ENTP 要不是心理素質強大，就是「神經病」。然而，ENTP 並不是一個只顧自己舒適的人。ENTP 與人產生衝突的最大原因，是因為 ENTP 說的話很傷人，因此受傷的人聽到之後會予以回擊。如果 ENTP 聽到別人被自己的話傷害，他就會暴怒，說：「我來告訴你真正的傷害是什麼。」然後說出憤怒的言語，而那句話可能是難聽到耳朵會出血的等級，所以最好能盡全力避免這種狀況。

ENTP 有時說話非常冷靜、很有邏輯，似乎拿針扎他，他也不會流出一滴血，但有時卻也會讓人懷疑他是不是過於情緒化。通常在自尊心受傷時，或者聽到別人斷然指出自己的錯誤時，他的感性就會壓制理性。ENTP 生起氣來可能會頭也不回地斷絕關係，並且通常不會後悔。

他不會被人際關係所束縛，而且由於他快樂且自由的靈魂，在人群之中相當受歡迎。ENTP 不怎麼會觀察周遭狀況，不喜歡階級秩序形成的僵硬氛圍，所以會毫不遮掩地表達自己的不滿。儘管如此，如果給 ENTP 的自由充分的尊重，你就能目睹只有 ENTP 才能呈現出來的獨特創意盛宴。

以家中排行看 ENTP

老大ENTP

雖然沒有惡意，但他可能會為了找樂子而欺負弟弟妹妹，甚至把惹弟弟妹妹哭視為一種樂趣。平時毫不在意家人對自己的評價，但在得到負面評價的時候會生氣。儘管如此，ENTP 本來就是個很有趣的人，所以弟弟妹妹們還是會跟隨著他。

排行中間的ENTP

如果得不到家庭成員的關注，就會到外面去，將能量傾注在朋友身上，自己成為頭頭，建立小圈子。會經常跟父母抗議自己的委屈，但萬一父母誤以為 ENTP 是因為自私而這麼做的，那麼 ENTP 的處境很有可能會變得更糟。若要他為哥哥姐姐或弟弟妹妹犧牲，他可能會有負擔，最好不要強迫 ENTP。

老么ENTP

認為能得到家人的認可很重要，只要能滿足他想被認可的欲望，他就會成長為非常聰明的孩子，獨特的點子源源不絕。與其說文靜，不如說他有很明確的主見，倘若因為他是老么而忽略他的意見，他絕對不會坐視不管。在弟兄姊妹中最沒有成見，如果家人之中有人出櫃，他會最先爽快地接受。

獨生子ENTP

就像歌曲《音樂劇》（*Musical*）的歌詞所唱的「放任我過我的生活～♬♪」，獨生子 ENTP 會積極反抗父母的干涉。即使還是小孩子，如果親戚長輩對自己說三道四，他也會頂嘴，在長輩眼中可能會被當成無禮的回嘴。他希望自己的想法或行動能得到尊重，面對不尊重自己的人，他也會立即採取應對措施，不管對方的輩分或階級高低。

ENTP 的戀愛：
不可控制、無法預測的樂趣

ENTP 可能會把跟你的戀愛，視為非贏不可的一場遊戲。ENTP 雖然很喜歡你，卻會用戲弄你的方式表現出他的心意，還有可能為了讓你一直保持緊張的心情，而不展露出自己的全貌。ENTP 在戀愛中喜歡享受刺激，如果你表露了全部的自己，在他眼中可能就顯得不夠有魅力了。但這並不代表 ENTP 不會為你犧牲奉獻，因為 ENTP 認為的犧牲奉獻，是花時間陪你，並為了跟你共度時光而花費金錢。ENTP 充滿魅力，不可能一下子就抓住

他的心，最好能繼續像執行任務一樣，激起他的興趣。

如果你迷上了 ENTP，也許是因為他很積極地接近你吧？ENTP 會毫不猶豫地靠近自己喜歡的人，即使被拒絕，他們也會因為高傲的自尊心，而用自己的邏輯取得精神勝利。但是千萬不要因為一次告白，就誤以為 ENTP 已經成為了你的人。ENTP 不會展露自己的全貌，並且會特別努力在戀人身上尋找有趣的地方。一旦失去興致，ENTP 會快速地設法遠離你。

不過，如果你能理解，並和 ENTP 共享他獨特的想法以及不拘泥於規則的自由，ENTP 就會不由自主地試圖在你面前展示自己，甚至連內臟都想拿給你看。ENTP 之所以將戀愛視為遊戲，只是源於 ENTP 特有的好勝心以及對樂趣的追求罷了，如果他認為你能理解他獨特的精神世界，就會將你視為畢生的戀人。

被 ENTP 的魅力吸引的你應該很清楚，ENTP 並不自私。當你透露出讓自己悶悶不樂的事或煩惱時，即便事情很複雜，ENTP 也能做出清晰的總結。雖然不是每次都如此，但 ENTP 在關鍵時刻會展現出判斷力，看穿事件背後的真相。一旦見識過這樣的 ENTP，一定會陷入 ENTP 的魅力中，久久不能自拔。

與 ENTP 約會：近期最受歡迎的，就是最佳選項

跟 ENTP 約會時，如果你以為 ENTP 一定會事先制定完美的計畫，那麼你可能會大失所望。對 ENTP 來說，重要的不是計畫，他想做的是近期最受大家歡迎的活動。如果流行密室逃脫，他就會想玩密室逃脫；如果流行生存遊戲，他就會想玩生存遊戲。雖然喜歡激烈的活動，但基本上他喜歡的是能分出勝負的遊戲，所以也喜歡電動或電玩。一旦開始跟 ENTP 對決，ENTP 會玩到贏你才肯罷休，所以就算你贏了 ENTP，要是過分地嘲笑他，可能當天都回不了家，只能一直陪他玩下去。

約會時，你只要稍微猶豫一下，ENTP 很有可能就會依照自己的喜好決定。如果你有想要的東西，就要更積極地向 ENTP 清楚傳達，這樣對彼此都好。他總是坦率地說出自己想要的東西，所以認為對方當然也是如此，如果你不說，ENTP 永遠不會知道。

各年齡層 ENTP 特點和戀愛攻略

二十歲的ENTP

雖然說自己不需要人際關係，但無論在哪裡，身邊

都有很多朋友。這是因為，認為 ENTP 的坦率魅力和荒唐故事很有趣的人，比想像中還多。他常常幼稚地戲弄朋友，看起來就像五歲小孩。如果你喜歡 ENTP，就需要階段性地引誘他。他不會一下子就把心都交給你，他喜歡讓你感到混亂，昨天好像很喜歡你，今天似乎又不是如此。跟 ENTP 談戀愛，就是一場冒險。

三十歲的ENTP

ENTP 正在累積職涯經驗，想不斷學習新的東西，所以在工作上最好也能滿足 ENTP 的求知欲，提供一些刺激的事。在戀愛方面，他對糾纏自己的人完全沒有興趣，所以如果你想跟 ENTP 交往，就要成為又酷又能和他聊得來的人。請了解一下 ENTP 平時對什麼話題感興趣吧。

四十歲的ENTP

可能已經構建了專屬自己、堅固的虛擬世界。也許是迷上了電腦資訊相關的領域，也許是迷上了種植稀有植物，也有可能是迷上了宗教。但即使他為此努力了十年，還是有可能突然間放棄一切，改變興趣愛好。因為對 ENTP 來說，樂趣仍然很重要。即使是四十歲的 ENTP，依然有著孩子氣的一面，請接受這一點。

給愛著ENTP的你的建議

- ENTP 既無厘頭又充滿智慧，既直言不諱又相當能理解他人，是很有魅力的人。但是，如果你和別人比較，要求 ENTP 為你犧牲，ENTP 就會有邏輯地批評並指出你的錯誤。
- 雖然 ENTP 會積極地接近你、積極地談戀愛，但有時候會覺得他不夠體貼。這時最好向 ENTP 表達。只要不要太囉嗦或太消耗情緒，ENTP 都會欣然接受你的意見的。
- 和 ENTP 起爭執時，最好能暫時分開，因為 ENTP 的猛烈抨擊可能會帶給你很深的傷害。等 ENTP 怒氣緩和後，就可以冷靜理性地溝通。

總是對愛情保持開放的浪漫主義者

ENFP

「愛怎麼可能不會改變呢？」

我愛你們所有人 # 匯款前 _ 匯款後
需要刺激 # 每天都是不同的世界

ENFP和別人相處的時候會變得非常耀眼奪目，如同燈光只打在他一人身上。他喜歡和各式各樣的人相處，喜歡在人群中散發自己的魅力。由於涉略的領域很廣，再加上親和力很強，所以無論遇到哪個領域的人，都能提出充滿好奇心的問題。

「原來你喜歡植物啊！我最近也對植物很感興趣，可以問你現在種的是什麼嗎？」

ENFP：喜歡遇見新的人、渴望被關注的小可愛

聽到ENFP提問的人極有可能會開心地回應，因為ENFP表現出非常友善的態度，也很願意傾聽別人說話，甚至會做出很棒的反應，所以和ENFP聊天很有意思。不過，就算後來ENFP很快就失去興致，笑著去找別人，你也不用太失望。ENFP關注的領域廣泛，對所有人都是這樣，這是因為他想和很多人對話。在和煦的春天，ENFP就是在溫暖的陽光下穿梭於各種花叢間的蝴蝶。

ENFP喜歡結識新的人，也會從不同的人身上得到能量，因此很適合成為經營者或銷售員。若工作無法發揮自己的外向性格，可能就會產生無力感，所以如果外向性格無法在職場上發揮，就要在休閒時間充分發揮，

才能保持對自己的正面心態。他期待公司內一起共事的同事、上司、晚輩能給他充滿愛意的回饋，沒有這種回饋，很難從 ENFP 那裡得到好聽的話。

「你真是個有趣的人。」

「你不僅聰明，還很親切！太完美了！」

ENFP 聽到稱讚後，會開心到連自己的肝也願意交出來，雖然是因為自己被稱讚了很開心，但也是因為他很感謝稱讚自己的人的心意。ENFP 聽到稱讚後，一定會回報的。如果幾個 ENFP 聚在一起，就像是從源源不絕的泉水中汲水一樣，幾個小時都會一直互誇，樂此不疲。

ENFP 偶爾也會遇到無法收拾的事情，這類事情大多是跟人有關的。雖然可能是因為 ENFP 無法拒絕才會如此，但更主要的原因，是他原本就很容易對別人卸下武裝，所以在興頭上或對別人產生共鳴時，就可能會承諾一些超出自己能力範圍的事情。因此，當 ENFP 處於過度興奮的狀態時，需要旁邊的人稍微讓他冷靜一下，否則一旦 ENFP 的善心被點燃，可能會完全不考慮未來，把公司或家中的東西全都掏出來貢獻給他人。

以家中排行看 ENFP

老大ENFP

會努力和父母與弟弟妹妹們和睦相處。倘若 ENFP 華麗的口才以及努力想讓身邊的人快樂的心意點亮了家庭，那麼 ENFP 無論何時都會把家庭放在首位，為家人犧牲奉獻。成年後，他會計畫帶隊與家人一起旅行或舉辦活動。但是，家人如果視為理所當然，不表示感謝，反而抱怨的話，他會非常失望的。

排行中間的ENFP

在兄弟姊妹之間扮演核心角色。如果老大是領頭的人，那麼排行中間的 ENFP 就是支持者的角色；與弟弟妹妹在一起時，他則會扮演帶頭的角色。喜歡受到關注的 ENFP，很擅長凡事自己來、不需要別人，因為他期待得到父母的稱讚。萬一父母的注意力都集中在老大和老么身上，他可能會感受到相對剝奪感，所以一定要給予適當的關心和稱讚。

老么ENFP

想做的事情很多，想表達的東西也很多，還想得到父母和兄弟姊妹們的認可。每當自己有些小突破時都會想得到稱讚，但這時如果家人表現出漠不關心的態度，他就會很受傷。雖然想做的事情很多，卻很容易失去興致。這時，如果細心地稱讚 ENFP 的成果並給予鼓勵，ENFP 就會得到動力，繼續堅持下去。

獨生子ENFP

在平等的關係中更為自在的 ENFP，如果感受到父母相當死板且過分強調階級秩序，就會表現出有點畏縮的樣子，很難在家裡提到自己的事。獨生子 ENFP 與父母的連結很強，因此與父母的關係會影響往後建立社會關係的狀態。

ENFP 的戀愛：
你，是世上獨一無二的特別存在

ENFP 從對你有意思的那一刻到開始談戀愛，都會積極表達自己的愛意。如同見到偶像的粉絲，你說的每句話、每個動作，都會讓他愛到無法自拔。如果你因為害羞而認為 ENFP 這種行為很輕浮，ENFP 會生氣的。這時最好要趕快解開 ENFP 的心結。ENFP 沒什麼耐心，如果長期對你抱持否定態度，那麼對你的感情可能會迅速冷卻。假如你希望能一直看到 ENFP 平時對你表現出的積極態度，就不要認為這種面貌會永遠不變，要好好回應，以免 ENFP 的愛意冷卻。

如果你迷上了 ENFP，也許是因為 ENFP 的正能量，也可能因為他是個超級受歡迎的人，能跟很多人愉快地相處。ENFP 雖然是人群的中心，卻不會忽略任何人，而能夠完美地接住每一個人的情緒，擁有很強的親和力。如果 ENFP 喜歡你，他就會在照顧自己身邊的人的同時，傳遞給你特別的訊號；只有你們兩人的時候，他則會使出渾身解數來表達對你的心意。如果你的戀愛風格是「慢慢了解彼此」的類型，可能會跟 ENFP 的戀愛風格產生衝突。因為 ENFP 認為，在愛上你的那一刻，就是遇見了命中注定的愛情，所以他已經打開心門、卸下了武裝。

跟 ENFP 談戀愛，會讓你覺得「我竟然是這麼特別的存在」，因為 ENFP 就像永遠面朝太陽的向日葵和到處尋找花朵的蜜蜂，只專注在你身上。只要你說想見面，不管距離有多遠，哪怕是要搭火車或搭船，他都會去見你。即使只見面十分鐘，ENFP 也會感到心滿意足。與

ENFP 的戀愛，會讓你留下深刻的印象。雖然絕對不希望發生這種事，但是如果後來遺憾地分手，你也會有好一段時間無法忘記 ENFP。

想在長期關係中成為適合 ENFP 的戀人，祕訣就是對於 ENFP 的積極給予高評價，並愉快地面對 ENFP 的嘮叨，這樣就沒問題了。有件要提醒各位的事，那就是 ENFP 非常隨興，賺錢後不知不覺就會花掉，因此在長期關係中，需要看好 ENFP 的荷包。如果 ENFP 信任你，就會把自己的錢包交給你。

與 ENFP 約會：進入天真爛漫的童心世界

雖然 ENFP 和你在一起時，無論做什麼都很開心，但是靜態活動很快就會讓他感到無聊、失去興致，因此與 ENFP 的約會最好能安排像孩子一樣，天真爛漫地玩耍的活動。

去遊樂園是最佳解答！ ENFP 的想像力非常卓越，ENFP 在能夠刺激想像力的活動中，最能感覺到快樂。遊樂園的樂趣不僅在於乘坐刺激的遊樂設施，還會給人一種離開現實世界、進入其他世界的感覺，是最適合浪漫又不失童心的 ENFP 玩樂的地方。如果 ENFP 是某個動畫或科幻電影的粉絲，那麼他就會想和你一起去能體驗自己喜歡的作品世界觀的快閃店或活動，因為他希望你也能體驗到自己幻想中的快樂，他覺得和你分享，會讓快樂變成兩倍、三倍。

如果 ENFP 變得跟平時不一樣，臉上沒有微笑，也沒有什麼精神，就是希望能前往另一個世界了。當 ENFP 重新回到現實世界後，就會看到比任何時候都更加充滿活力的他。

各年齡層 ENFP 特點和戀愛攻略

二十歲的ENFP

ENFP 散發著魅力，如果你是 ENFP 的大學同學，應該很清楚 ENFP 是紅人中的紅人，因為他和任何人都聊得來，所以不只有你，許多人都會被 ENFP 的魅力吸引。如果想跟 ENFP 交往，比起制定階段性的計畫，應該要先表達你的心意。

三十歲的ENFP

ENFP 在職場上得到很多人的關注，這與他的年齡和層級無關。他不只在工作時傾注熱情，公司有研討會或員工旅遊等團康活動時，他都會拿起麥克風主持，非常投入地表演。如果公司內部有需要與其他團隊合作的事情，ENFP 則善於扮演不同團隊之間的溝通橋樑。但當他覺得事情不順利時，就會過度驚慌，可能無法像在計畫開始前發下的豪語那樣，順利地收尾。這時最好能安撫 ENFP，並且陪他一起完成。多說一些鼓勵 ENFP 的話吧！

四十歲的ENFP

對每件事都非常有興趣，一般人的休閒活動中，沒有一件是 ENFP 沒做過的。這都是因為他只要厭倦了某件事，就會換另一種愛好。看看 ENFP 當下對什麼事感興趣，並跟他聊聊那個興趣吧！或者，可以告訴 ENFP 最近流行的新樂趣，並提議一起做，這樣就能激起 ENFP 的好奇心，他會很喜歡的。

給愛著ENFP的你的建議

- 如果你覺得 ENFP 興致高昂的樣子很可愛，就代表 ENFP 和你的緣分能非常穩定地持續很久。ENFP 會感覺到你用充滿愛意的眼神關注著他，並且會為了得到你的愛而努力，也會表達自己的愛意。
- 對 ENFP 來說，再怎麼稱讚都不為過，但是每次稱讚的內容都需要有點變化。在說出 ENFP 的缺點前，至少要忍耐三次，然後再小心翼翼地說出來，因為他很容易受傷。
- ENFP 在和你談戀愛的過程中，不會表現出始終如一的模樣，而會有所變動、起伏。因此，彼此持續變化，互相給予積極的刺激是很重要的。

連自己的愛情
都當成研究對象的人類學家
INTP

「你認為愛是什麼？」

來 _ 我們聊到通宵吧 # 心臟是電腦晶片
無厘頭的發明家 # 想了解宇宙的奧祕

派對不適合 INTP。不，應該說 INTP 不喜歡派對。儘管他有探索人類的求知欲，卻不喜歡與人相處。就算不得已必須參加派對，他可能也會在距離人們不只一步，而是二十步之遠的地方，躲起來觀察大家。INTP 無法理解大家為什麼要參加聚在一起談論「你過得好嗎？」、「嗯，我過得很好」這種日常話題的聚會。INTP 會像幽靈一樣在圖書館神出鬼沒，沒有特定的時間，也沒什麼規律，所以無法預測他什麼時候會出現。因此，如果想要製造偶遇的機會，就必須潛伏在圖書館才能見到。即使約好見面時間，INTP 也會考慮很久，再決定要不要跟你見面。

INTP：好奇心強、眼尖的知識探索者

INTP 感興趣的領域包羅萬象，然而範圍卻是有限的。這是什麼意思呢？INTP 在有求知欲的領域不會考慮現實的界限，會表現出無限的興趣，至於那些無法引起他好奇心的領域，不管多麼實用，他也一點都不會產生興趣。對於感興趣的領域，他擁有超出專家等級的知識，從歷史脈絡到不斷更新的最新資訊都包含在內。舉例來說，儘管 INTP 是機械系的學生，卻可能在迷上摺

紙後成為摺紙世界冠軍。然而 INTP 通常不太追求成功，也沒有必須做出成果的壓力，所以很有可能只是把自己好奇的事情當成了職業。

INTP 對知識抱持著好奇心，但是對於能以好奇心獲得什麼成果，並不感興趣。只想滿足自己的好奇心，對於將獲得的知識運用在現實中賺錢這點，他也不太關心。如果 INTP 的身邊有擁有卓越生意頭腦，且能夠刺激 INTP 求知欲的人，就能在推動新產業的發展等方面獲得巨大的成果。在掌握身邊的人的情緒和欲望這方面，INTP 並不會特別花心思，因此 INTP 的點子很有可能被搶走或被騙，這點務必小心。

在學校或職場的人際關係中，有些敏感的氛圍或衝突雖然不會浮上檯面，但確實存在著，而 INTP 比任何人都能更快地捕捉到。不過他們只是善於捕捉，在應對方面卻非常笨拙。因為比起這些，他會把全部精力都投入到自己的內心世界、自己關心的議題上。因此，雖然坐在自己書桌前的他，比任何人都更善於觀察辦公室的氛圍，卻會靜靜地專注在自己的工作上，然後在突然抬頭看周圍時，發現辦公室只剩自己一人。這種情況常常發生。

以家中排行看 INTP

老大INTP

在家庭中，他不善於成為連結父母和弟弟妹妹的溝通橋樑，對此也不感興趣。比起扮演帶領弟弟妹妹的角色，他更想固守自己的位置，不抱任何野心。即使弟弟妹妹對自己有負面情緒，他也很有可能不放在心上，不僅不參與家中的競爭，也不參與學校或社會形成的競爭局面。儘管如此，他仍然會獨自癡迷於無人關心的領域，取得豐碩的成果，讓身邊的人相當驚豔。

排行中間的INTP

會很平靜地在老大和老么中間守好自己的位置。但是，如果老大因為年紀大就忽略 INTP 的意見或隨意對待 INTP，這種時候他就不會嚥下這口氣，而是會有邏輯地追究。雖然不覺得自己應該要守護家人，但如果他感受到家人對自己的尊重，就會很珍惜成為一家人的緣分。

老么INTP

由於父母對老么相對寬容，因此老么 INTP 有足夠的時間能自由地選擇，並投入自己感興趣的領域。當他過度投入時，可能會不太吃飯或不按時睡覺，所以父母或其他兄弟姊妹常常需要提醒 INTP 注意。如果家人希望老么 INTP 能遵從他們的指令，那麼老么 INTP 會強烈主張自己的獨立性。在發生問題時，比起依靠家人，他更想用自己的方式解決問題。

獨生子INTP

小時候不是被評價為天才就是發育遲緩，因為他只會鑽研自己關心的領域，有點脫離現實，需要跟他強調洗衣服、打掃、洗澡等，這些一般人在日常生活中理所當然要做的事情。雖然智力高超，很擅長與父母對話，但由於性格內向，無法順利與同儕相處，很有可能被孤立。因此，父母最好能幫助獨生子 INTP 學會在社會上溝通的技術。

INTP 的戀愛：
因為與你有關，所以別具意義

INTP 獨立且富有創造力的性格，也適用於與你的戀愛關係中。儘管 INTP 在與人類來往時抱持著分析的態度，同時卻也可能為「跟你成為戀人」這件事，賦予很大的意義。因為 INTP 認為，人類從出生到死亡都是一個人，因此他們平時也維持著非常獨立的生活方式。但即使如此，他也很清楚一生中遇到相愛之人的可能性有多低，所以會珍惜和你之間的緣分。

理解能力卓越的 INTP，會以對所愛之人的深入理解為基礎，談論彼此的苦惱。但是他們深刻的理解力，也會不時使用在平凡的情侶對話中。當 INTP 提出：「你認為愛是什麼？」如果你不假思索地回答「愛就是愛啊！」那麼 INTP 可能會想徹夜跟你探討關於愛的哲學話題。INTP 對這些主題有深入的思考，因此喜歡花時間跟你討論感情的本質、愛情的意義以及人際關係中的邏輯等。這種特性，有時會讓 INTP 看起來太過於理性分析，但這些可說是他們真正努力想要更深入了解和理解所愛之人的表現。如果 INTP 向你展示自己的分析，請記住，這是 INTP 真正關心你、愛你的表現，建議你用溫暖的眼光看待。

INTP 不太會對你表達他自己內心的想法，這點可能會讓你失望。INTP 認為，發生在自己身上的事情基本上應該由自己解決，說出來似乎會帶給你無謂的負擔，所以不會說出自己的事。他不是那種喜怒形於色的類型，所以在公司升遷了也不會說，你可能要等一年或更久以後，才會透過某個偶然的機會知道。

如果你迷上了INTP，也許迷上的是INTP對知識的探索，以及獨立的態度。INTP不怎麼在乎金錢和名譽等世俗價值，他認為那些只是短暫停留在自己身邊的東西，不會賦予特別的意義。看到INTP灑脫的樣子，你會覺得彷彿遇見了沒有沾染一絲世俗髒汙的小王子。如果能以這種溫暖的眼光看待INTP，INTP的優勢會更加耀眼。

由於INTP獨立的特質，他們可能很難先考慮自己能帶給你什麼樣的幫助。當你感到失落時，需要向INTP表達你的失落，並說出你的需求。INTP不是不關心你，而是對你不熟悉，所以直到熟悉彼此的風格為止，需要經歷試錯的過程。

與INTP約會：滿足求知欲，在未知領域探險

和你約會時，INTP喜歡去自己平常不會去的新地點，或是能解決複雜問題的有趣地方。舉例來說，他們平時幾乎不會去乒乓球館或保齡球場，到了那裡，他們會像孩子一樣覺得神奇；在玩桌遊或電腦遊戲的地方，

則會展現出 INTP 特有的分析面貌。INTP 對宇宙很感興趣，如果在可以觀賞星星的地方旅行，在黑暗中看著星空，他就會覺得和你在一起很幸福。他會喜歡在這時探討「我們從哪裡來、要往哪裡去」等哲學主題。

去博物館或科學館等能夠滿足求知欲的地方，他也會覺得很有意義。一起上課也是如此。如果能一起學習、一起了解新知，同時和你自由地對話，那麼 INTP 就會認為你是非常特別的人，是降臨到自己身上的幸運。

INTP 重視自由，這其中也包含財務自由。他雖然想擺脫金錢的束縛，卻對如何存錢、賺錢不感興趣。因此，如果你對財務上的議題很敏感，最好特別留意 INTP。INTP 只會在自己感興趣的領域上花錢，對其他領域則不感興趣，如果 INTP 的金錢管理存在著漏洞，就需要你多加關照。為了能與 INTP 長時間幸福地交往下去，這方面的關照是不可缺少的。

各年齡層 INTP 特點和戀愛攻略

二十歲的INTP

如果你是在大學時期認識 INTP，一開始應該很難發現在角落裡獨自沉浸在自己世界的 INTP。不過，在意想不到的瞬間，原本在角落默默無聞的 INTP 卻開始有了存在感。當 INTP 想說話時，就會流暢地表達他淵博的知識。即使和 INTP 交往之前不太順利，一旦開始交往，INTP 就是只注視著你的純情戀人。

三十歲的INTP

三十歲的 INTP 在公司和同事一起吃午飯或聚餐聊天時，也喜歡針對複雜的問題或想法，進行有深度的對話。如果你能夠順利地與 INTP 對話，就代表你已經像小王子馴服狐狸一樣，馴服 INTP 了。即使是社會化的 INTP，對於像愛情這樣只對少數人表達愛意的情況，仍然有可能相當生疏，如果你連他生疏的樣子都愛，那麼你就是最好的戀人。

四十歲的INTP

四十歲以後，已經養成的習慣就很難改了。如果是社會化的 INTP，可能就會適當地關注著你並進行對話，但如果是還不夠社會化的 INTP，就會忙於表達自己感興趣的領域。那也可能是在對你表達愛意，所以希望你不要放棄理解 INTP。

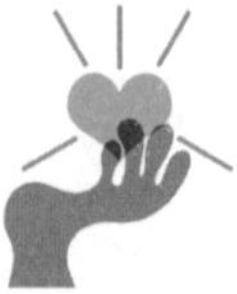

給愛著INTP的你的建議

- INTP 在愛情這方面也會想和你進行深入對話，但是這種深入的對話，探討的可能不是對你的愛，而是關於「愛情」本身，或者愛情的屬性。你可能會納悶「這和我有什麼關係」，但這是 INTP 獨有的特性，試著跟他愉快地聊天吧！
- INTP 會談論自己的想法，但不會談論現實生活。如果你想了解 INTP 的日常生活，最好直接問他。事實上 INTP 滿腦子都是想法，所以如果不直接一點詢問，他可能會有不同的理解，並出現莫名其妙的回答。
- INTP 不善於表達情緒，不會對於表達情緒賦予太大的意義。有時候連你在表達情緒時，他也可能沒有任何反應。這並不表示他對你的狀況不感興趣，只是不知道該怎麼反應而已，所以不要太難過。

宇宙中僅存的浪漫主義者
INFP

「你這道光，照進了我疲憊的人生！」

作夢的詩人 # 想成為魔法師
治療世界的人 # 向世界傳遞溫暖的哲學家

INFP 喜歡和少數朋友深入探討有創意的話題，因為他對於認識很多人並不感興趣，覺得「深度連結」才有價值。在不得不和很多人一起共事的系上出遊或職場研討會，他會安靜地聽別人說話，很難站在大家面前，但只要活動本身符合 INFP 的意願和原則，他就會從丹田使出能量，積極參與。通常是保護北極熊、照顧病人等，這種對世界有貢獻、能造福社會的活動。

INFP：親切卻敏感的作夢詩人

INFP 認為幫助人是很有意義的，這點對自己親近的人也同樣適用。如果向 INFP 傾訴煩惱，INFP 會認真聽取意見，即使與自己的想法不同，他也會努力充分理解並產生共鳴。INFP 的特性是，只要跟某人變得親近，就會建立深刻又持久的關係。INFP 態度真誠，與 INFP 親近的人，會感受到 INFP 很珍惜自己。

儘管 INFP 態度溫暖且真誠，偶爾還是會與人們產生衝突，這是因為 INFP 情緒敏感。對於朋友之間經常出現的「惡作劇」，INFP 的反應比大家所想的還要激烈。INFP 希望其他人也能像自己一樣，分享並理解自己的情緒，可是 INFP 在表達情緒和行動時常被當成戲弄的對象，因此受到很深的傷害。在這種情況下，INFP 通常會想與傷害自己的人保持距離。在 T 傾向較強的人眼中，INFP 經常生氣，因此會被評價為「讓人疲憊的人」，可說 INFP 的敏感情緒既是優點也是缺點。因此，就連對 INFP 有好評的人，也會覺得 INFP 是「溫柔卻敏感的人」，知道他們常常需要別人安撫。

不過，透過經驗逐漸累積智慧的 INFP，會明白別人往往無法在這樣的衝突中完全理解自己的情緒或產生共鳴，INFP 在接受自己情緒的同時，也會提升控制情緒的能力。對於 INFP 來說，衝突經驗有助於將敏感的情緒轉變為情緒的智慧，對於看待別人的見解和情緒，也能擁有比以往更廣闊的視角。

INFP 很有創意，在發想某個作品時，能創造出其他人意想不到的驚人成果。不過 INFP 的表現通常都會有起伏，有時還會超過截止期限。儘管 INFP 不是故意的，這種特性卻會讓自己在跟其他人合作時變成壞人。不過如果能耐心等待片刻，INFP 就會帶來驚人的成果，敬請期待吧。

以家中排行看 INFP

老大INFP

想要滿足父母的期待，所以努力深入理解家人。正因如此，INFP 對自我的努力會讓他常常感受到來自家人的感情負擔和責任感。如果得為了弟弟妹妹的前途做點什麼，那麼他就會覺得那件事非做不可。可是如果他覺得家人不認可他的努力，就會經歷很深的失落感，並向家人吐露不滿。

排行中間的INFP

比起老大，他是在比較自由的氛圍中成長的，在這種環境下，更能清楚體現出 INFP 獨有的想像力和創造力。他重視感情連結，所以如果覺得父母更在乎其他手足，就會默默地受傷。如果排行中間的 INFP 看起來很畏縮，那麼家人當中最好有人先主動關心他。

老么INFP

如果家庭氛圍是對老么很包容的，那麼老么 INFP 通常就會是家庭成員的中心，這可能導致 INFP 缺乏社會化和親和力。雖然是家庭成員中最年幼的，卻會對家裡的事情表現出認真的態度，也會努力理解家人。

獨生子INFP

獨生子 INFP 在家時不受到兄弟姊妹的妨礙，所以能更專注於掌握自己內在的情緒和想法。這個過程有助於深入了解自己，從而建立屬於自己的價值觀，但是過於集中在自己的內心世界，可能會難以解決現實問題，因此父母有必要把 INFP 從思緒拉回現實。

INFP 的戀愛：與你相戀，就像讀一本好書

如果 INFP 愛你，就會以真誠的態度認真思考和你交往這件事。INFP 的認真不僅會透過言語，還會透過行為表現出來，所以作為戀人，你可以信任 INFP。由於這樣的特性，INFP 和你的戀情長期發展的可能性很高。

INFP 會一直向你表達愛意，但如果你喜歡豐富的表達方式，也許會感到失望。因為 INFP 雖然是忠誠的戀人，對你的感情也很豐沛，卻不覺得需要向第三者或其他人證明自己的心意。INFP 覺得在瞬間迅速表達自己的感情很困難，他可能會先深思熟慮，挑選適當的詞彙，

最終下定很大的決心，才細膩地向你表達自己的心意。雖然不會常常這麼做，但他肯定會帶給你深刻的感動。

如果你迷上 INFP，也許是因為 INFP 會努力理解他人的觀點，不輕易下結論。正因如此，你在與 INFP 對話時，心情也會很自在。INFP 在朋友之間經常扮演諮商師的角色，如果你跟 INFP 對話時，能尊重彼此的情緒和價值，就能獲得比任何諮商都還更好的效果。

INFP 可能會對戀人說出從不向別人吐露的、心底深處的話，有時甚至會表現出很敏感的樣子。但只要你不去批評，而是理解包容，INFP 就會收起敏感的一面，再次變得溫柔。只要累積相互理解的經驗，你和 INFP 的連結就會更強，別人無法隨意破壞。

INFP 雖然覺得你很特別，不過還是需要獨處的時間。即使他的工作不是跟藝術相關的，他的興趣也會是享受美術或音樂等藝術作品。對於 INFP 來說，藝術是連接世界和自己的獨特媒介，因此，當他獨自品味作品或創作時，就會感受到自己的生命力。如果你能體諒他，偶爾讓他獨處，INFP 就會願意為你犧牲，以非常有魅力的藝術作品表達對你的愛。

與 INFP 約會：
深入交流，是建立連結的契機

INFP 認為和你深入對話是很有意義的經驗，因此喜歡去安靜的咖啡廳交談，也喜歡去漢江公園或首爾近郊的公園。比起任何體育活動，他更喜歡兩人肩並肩，配合著步伐一邊聊天。他覺得漫步在樹林間、江河旁、走在草地上等享受大自然的方式很舒服，也覺得享受美麗的自然景觀是很特別的。如果你喜歡體育活動，INFP 也會努力陪你一起做，但是你要理解他可能無法像你一樣享受那麼久。

INFP 喜歡的地方，是能夠品味藝術作品的美術館或博物館。不一定非得是知名畫家的展覽，INFP 享受的是欣賞藝術作品本身，並且會尊重創作者。他會想和你聊聊作品，即使彼此針對同一個作品有不同的體驗，他也會給予肯定，認為這樣的交談反而能拓寬欣賞的眼界。對於 INFP 來說，藝術能讓彼此安全地交談，感覺無形中與你產生了很深的連結。

只要和你在一起，他也會喜歡在歡樂的演唱會上蹦蹦跳跳，但靜態的空間會讓他感到自在，他更喜歡品味美麗歌詞和有旋律的音樂，或是只由一把吉他和一架鋼琴組成，卻能帶給人深刻感動的音樂會。在小型劇場舉行的音樂會上，當最後一首歌結束後、劇場的所有人都起身鼓掌時，INFP 可能會獨自用手帕擦拭無法克制的淚水。

各年齡層 INFP 特點和戀愛攻略

二十歲的INFP

在人們稱之為青春的二十歲，INFP 會為了更理解自己和世界而不斷探索。看似沉默文靜的 INFP，說不定有一天會在印度或尼泊爾問候你。他們在大學或第一份工作時，就專注於尋找與自己價值觀一致的地方，這種探索的過程可能非常模糊和混亂，但 INFP 將會在這過程中構建自己獨特的世界觀。因此，當 INFP 長時間苦惱和動搖時，希望你能成為 INFP 的安全堡壘。

三十歲的INFP

到了三十歲，INFP 開始更進一步把自己的價值和理想融入到日常生活和自己的工作經歷中。為了創造更好的世界，他努力將個人的熱情投入在工作中。如果那是無法投入熱情的工作，INFP 將在這一時期做出重大判斷，決定是要辭職後跳槽到其他公司，還是將工作與自己分離，只利用閒暇時間實現自己的價值。另外，這個時期的 INFP 努力與朋友、家人以及愛人維持深度的關係。如果你對於 INFP 想實現的理想價值以及與少數人維持深度關係這件事持肯定態度，最好能積極表達並鼓勵 INFP。INFP 一定會帶給你很大的感動。

四十歲的INFP

在這個時期，他很有可能已經明確地理解自己想要實現的價值和理想是什麼，以及該如何實現。他們以自己的人生經驗為基礎，讓自己的世界更加豐富，並以此帶給他人靈感。他已經學會如何更有效地表達自己的想法和情緒，且有效地傳達給別人。如果你認可 INFP 的深刻洞察力和創意，一起讓世界變得更好，那麼 INFP 就會把你視為自己的同伴和伴侶。

給愛著INFP的你的建議

- INFP 只會對少數親近的人犧牲奉獻，如果你屬於那個少數，就恭喜你了。在你與 INFP 分手之前，INFP 都會希望你平安並珍惜你。
- 一開始你可能會懷疑，世界上真的有這麼細膩、內心溫暖的人嗎？但後來，你也可能會生氣地質疑「為什麼他這麼挑剔」。 INFP 的特性就是那樣，建議你最好忍耐。過不了多久，INFP 很有可能會先來跟你道歉。
- 對 INFP 來說，重要的不是金錢或成功，而是為創造更好的世界貢獻一份心力。INFP 的抱負聽起來有點太理想，所以需要你幫忙加油、為 INFP 制定具體的實行方案並採取行動，以免 INFP 被自己的理想壓垮而倒下。

訪問：了解 MBTI 真相

究竟 MBTI 是不是科學？

主持人：由於 MBTI 有著極高的話題性，有人說「MBTI 是科學」，也有人說「MBTI 是類科學」，這兩方意見長期處於緊繃的對立狀態，下面就邀請 MBTI 本人一起來聊聊。您好，MBTI，請問您是科學嗎？

MBTI：一下就進入正題了呢。不，我從來不曾主張過我是科學。這個說法應該是這樣被傳開的：「心理學是使用科學方法的學問→心理學是科學→ MBTI 不就是基於心理學的人格檢測嗎？→ MBTI 當然也是科學」。所以，說我是類科學，我也覺得很委屈，因為我從來沒有說過想成為科學。

喔！怎麼會這樣？MBTI在喊冤耶！那麼，MBTI您覺得自己是什麼樣的檢測呢？

大家應該都知道，我是基於德國精神科醫生兼精神分析學家卡爾·古斯塔夫·榮格（Carl Gustav Jung）的性格理論，由凱瑟琳·庫克·布里格斯和伊莎貝爾·布里格斯·邁爾斯母女開發的檢測。而我被開發的背景，是源自於「人與人真的很不一樣，至少存在著十六種類型」的想法。

我是一個性格檢測，對於我是否屬於心理學領域的爭論似乎持續不斷，但我認為這種爭論根本沒必要繼續。因為即使不透過我，人們也都已經認定了性格的多樣性。但是，再怎麼了解自己的人，有時在生活中也會思考著「我是誰？」並且為此感到混亂嘛。我建議在那種時候可以試著利用我，在回答我提出的問題並接收那些結果的同時，就能更清楚了解自己。我確實不足以解釋各位，因為各位是我無法衡量的，更複雜、更龐大的存在！

MBTI解釋得相當認真呢！聽起來非常有趣。那麼，我再問一個問題。性格檢測的種類不是

有很多種嗎？有 TCI 測驗，也有大五人格檢測，這兩個檢測是心理學廣泛使用的性格檢測。您覺得 MBTI 和這兩個檢測的差異是什麼？

首先，我們三個雖然都是性格檢測，但檢測的都是不同的部分。其中，TCI 測驗是測定氣質（Temperament）和性格（Character），我則是測定個性（Personality），以概念來看，測定的部分也是不同的。共同點在於，我們三者都是自我報告式的檢測，也就是由受測者報告自己的狀況，而性格檢測大部分都是自我報告式的。因為這些檢測的首要目標是了解自己，是為了提升對自己的理解，並不是為了診斷而測驗，所以如果說謊，只會對自己有害。如果測驗目的是為了正確診斷，那麼即使是自我報告式的檢測，也會像 MMPI-2（第二版明尼蘇達多向人格測驗）那樣，使用不同種類的量尺，來辨識偽善、偽惡等虛假的反應。

另一方面，同樣是為了診斷而進行，用來測定自己痛苦指數的憂鬱症及焦慮症檢測，也是自我報告式的檢測。該檢測的目的，是調查受測者提出的問題和實際痛苦程度，所以為了做出準確的診斷，還會搭配其他檢測一起進行。

那麼，有哪些不是自我報告式的檢測呢？最具代表性的是魏克斯勒智力測驗。魏氏智力測驗主要由受過訓練的臨床心理師進行，該測驗不會只憑試卷進行，而是會用拼積木、回答臨床心理師的問題或解數學題等多種方式進行測驗。魏氏智力測驗不僅可以診斷智力，還可以診斷各種精神和心理問題。但即使如此，也不會單憑魏氏智力測驗的結果就進行診斷，而是會一併進行相關的檢測，綜合統整結果再下結論。應該有很多人沒做過魏氏智力測驗，因為價格不菲，而且還需要與專家面對面進行，所以在一般民眾當中並不常見。

啊，我說得太多了。我想說的是，我會告訴各位你們在檢測時對四個測量標準的偏好程度。榮格認為，人類精神的運作原理如同「外向與內向」一樣，是對立的，我是以這個原則告知各位是偏外向還是偏內向。但是這點會根據年齡和情況改變，因此，透過我得到的檢測結果勢必也會改變。

這是第一次也是最後一次 MBTI 本人現身說法，您說得很清楚耶！最後，我還有一個問題想問。MBTI 您說自己是測量自我偏好的性格檢測，這個前提是，人有某種可以測量的「自我」或「我」。那麼，您認為人有「自我」嗎？

啊……這種深奧的主題不是我能說的，也不是可以在這裡簡單說明的問題……（突然消失）

MBTI 在訪問直播的過程中消失了！本次採訪得趕緊在這裡結束了。我就用這句話作為結尾吧：**你，有多了解自己呢？**

第三章

想要看得見、摸得著的愛情

ESTJ, ESFJ, ISTJ, ISFJ

面對愛情也明確、井然有序的 ESTJ

「我想這樣定義和你之間的愛。」

無所不能的金上士 # 十分鐘前抵達約定場所
偶爾是個勇士 # 刺也刺不進去

ESTJ 重視實用和現實面，所以在一起進行計畫時，從調查資料到制定計畫的所有過程，他都會根據事實，有體系地準備。他會盡可能蒐集許多資訊，試圖根據資訊得出有邏輯的結論；另外，他很重視秩序和組織，所以在日常生活中也喜歡按照計畫進行工作。也就是說，就連日常生活，他也會制定行程並嚴格遵守，並且認為這點很重要。如果要規劃旅行，ESTJ 會在網路上觀看 YouTube 影片、部落格文章、住宿評論等眾多資訊，規劃旅行路線和住宿等，確保能以最低廉的價格，有效率地運用時間。

ESTJ：有體系地解決現實問題的大師

ESTJ 可說是「天生的領導者」，領導能力非常突出，在學校和職場經常擔任科系代表或同期代表等職務。即使不是輩分大的，在家人或朋友之間，ESTJ 也會自然而然地成為領導者；如果已經出現其他出色的領導者，那麼 ESTJ 會成為領導者的「左右手」，也是最強而有力的支持者。尤其如果領導者的 P 傾向較高，ESTJ 將能提供很有效的幫助，幫助領導者把創意運用在現實生活中，制定有體系的計畫並實踐。這是因為 ESTJ 落實想法的能力非常突出。

當家人、朋友之間，或職場上發生什麼問題時，ESTJ 會比任何人都更積極地帶頭解決。他會迅速找出問題發生的原因，並提出最好的解決辦法，因此 ESTJ 身邊的人也會不知不覺地開始依賴 ESTJ，詢問他的意見。ESTJ 能快速、準確地解決問題，在需要克服危機時能提供很大的幫助。比起長時間的思考，他認為親身實作去解決問題更好。

溝通時，ESTJ 也喜歡明確的表達方式。因此，ESTJ 在對話時會明確地表達自己的想法或意見，當你要提供回饋時，他也會希望你能夠說得很明確。若要提出改進意見，他會舉具體事實為例說明，所以聽 ESTJ 意見的人聽著聽著就會被說服。但從另一個角度來說，ESTJ 就對抽象和感性的內容不感興趣。這種特性會影響 ESTJ 選擇大學科系、職業和工作，甚至還會影響他選擇配偶。

重視傳統和規則的 ESTJ，相較於關注社會結構對個人的影響，更會在了解社會規則和制度後採取尊重的態度。在學校和公司裡，他們會嚴格遵守規定，並建議其他人也這樣做。在這過程中，看得出 ESTJ 順應體制且固執，多少有點缺乏彈性。

看起來總是很堅強的 ESTJ，在處理情緒方面常常遇到困難。比方說，當朋友因為某個問題而悲傷時，雖然他很容易就能提出解決方案，卻很難完全理解或同理對方的情緒，會因為不知該如何安慰而手足無措。因此，ESTJ 需要努力理解他人的情緒，提高同理的能力。

以家中排行看 ESTJ

老大ESTJ

作為老大出生的 ESTJ，是父母見到的第一個子女，也是兄弟姊妹中最年長的，自然而然承擔了很多父母的期待和責任。這種家人間的互動，進一步強化了他們有體系、有責任心的特性。老大 ESTJ 在家庭中也會展現出有邏輯又有組織的一面，從小就表現得像大人一樣負責任，有時甚至比自己的父母或一般大人更成熟。基於這種特性，老大 ESTJ 習慣明確表達自己的意見，但偶爾看起來有點固執。

排行中間的ESTJ

排行中間的 ESTJ 比老大更有彈性，經常要在老大和老么、父母和子女之間扮演仲裁者的角色，因此排行中間的 ESTJ 通常更社會化、更懂得合作。排行中間的 ESTJ 經常努力填補老大或兄弟姊妹的缺失，在這過程中培養出了靈活適應突發狀況的能力。

老么 ESTJ

老么 ESTJ 是家族內年齡最小的成員，善於尋找屬於自己的獨特處事方式，堅定不移地遵循自己選擇的道路。偶爾在衝突的狀況中還是會固執地堅持己見，讓其他家人感到痛苦。但是在大部分情況下，ESTJ 通常會努力追求公平，在家人之間尋找平衡點。

獨生子 ESTJ

獨生子 ESTJ 表現出的特徵基本上與老大相似。因為必須獨自承擔父母對子女的期待和責任，所以會與老大一樣，表現出獨立、有責任心、目標導向等特性。獨生子 ESTJ 會自行決定自己的目標，然後為了達成目標而制定計畫，全力按照計畫行動。這種特質能讓 ESTJ 有效地控制自己，但是獨生子 ESTJ 往往會因為把精力投注在自己要做的事情上，而忽視或忽略了身邊的人的情緒，等他辛辛苦苦地做完工作再環顧四周時，可能會發現身邊已經沒有人了。

ESTJ 的戀愛：
需要準確計劃、犧牲和掌控的責任

ESTJ 在戀愛時，也會展現出實際又直言不諱的一面。舉個例子，請想像一下這是你第一次要和 ESTJ 約會，那麼 ESTJ 會在和你約會的幾天前就做好計畫，讓約會能很有效率地進行。他會提前詢問你的喜好，收集各種資訊，決定最適合的地點、菜色和約會路線，還會考慮在每個地點的停留時間、移動時間，甚至連誤差範圍都考量進去，然後制定縝密的計畫。ESTJ 展現出的慎重且有系統的一面，會讓你沒有機會思考和猶豫。

但是當你和 ESTJ 交往久了之後，ESTJ 可能會認為他已經完全理解你的想法和喜好，而省去額外花時間徵求你的意見的過程，而這可能會讓你難過。如果你很難過，就要積極地向 ESTJ 表達你的意見。而且無論彼此多麼熟悉，都需要時間傾聽彼此的說法並接受。通常 ESTJ 都很願意為另一半犧牲，加上他非常討厭讓對方失望，所以或許在對話之後，就可以看到 ESTJ 的改變。透過這樣的過程，你和 ESTJ 能加深對彼此的信任。

儘管如此，還是會經常發現 ESTJ 很難向你表達自己的情緒。比起用親暱的稱呼或每天說「我愛你」等甜言蜜語，ESTJ 更喜歡透過行動表達對你的愛意。當你覺得需要什麼時，他會立刻察覺並滿足你的需要。假設你是個大學生，覺得課業很困難，ESTJ 就會盡力投資自己的時間幫助你學會，他覺得這是他本來就該為你做的。

如果你迷上了 ESTJ，也許是因為他很有責任心，無論在什麼情況下，都會優先考慮自己視為義務的事情。ESTJ 喜歡幫助自己所屬的團體和親近的人，並且認為理所當然要這麼做，所以經常默默地幫助。如果你經常對 ESTJ 這種有責任感的行為表達感謝之情，而不會視為理所當然，ESTJ 就會以更加幸福的心情為你犧牲奉獻。

與 ESTJ 約會：
吸取新知，有效率地運用時間

在戀愛初期，ESTJ 為了了解和親近你，會喜歡在咖啡廳或餐廳聊天，或去電影院那種很多人喜歡約會的地點。但是戀愛時間越久、對彼此的理解越深之後，他就很有可能會想要更有效地利用和你約會的時間。如果是對歷史很感興趣的 ESTJ，就會想參觀歷史景點，將實際發生的事、自己知道的事，以及在那裡看到的東西整合在一起，並對此興致勃勃。ESTJ 會嚴謹地憑藉物證或史料等事實根據來掌握歷史，而不是以自己的想像描繪歷史脈絡。基於同樣的原因，他也會喜歡博物館，因為 ESTJ 喜歡學習新知。博物館這類型的場所有 ESTJ 喜歡的史料，所以他肯定會更喜歡。

在 ESTJ 類型的人之中，喜歡下廚的人很多。ESTJ 喜歡下廚的原因是：第一，要生活，就需要吃飯。第二，以投入相同的成本來說，他認為料理知識是最有用的知識。第三，料理過程從頭到尾都能由 ESTJ 控制。下廚時要制定計畫，且下廚的目標明確、結果的成敗也明確，在整個料理過程中都能發揮ESTJ的優勢，所以他會很享受。

如果你想跟 ESTJ 深刻又長久地相愛，最好能一起參加 ESTJ 喜歡的高產值活動，因為在這樣的過程中，約會不單是享受兩人獨處的愉快時光，還是能建立深刻連結的機會。

各年齡層 ESTJ 特點和戀愛攻略

二十歲的ESTJ

二十歲的 ESTJ 會發揮他們的責任感和組織能力，致力於在學校或職場上創造成果。在這個時期，可以看到 ESTJ 制定更多目標，並為了達成而積極努力。另外，在這個時期，ESTJ 的社會能力和領導力，會在學校和職場等他所屬的地方嶄露頭角。如果你接近二十歲的 ESTJ，稱讚他這段時間的努力和成果，彼此就可以建立友好的關係。建議你以這種方式慢慢建立關係會比較好。

三十歲的ESTJ

三十歲的 ESTJ 專注於人生的下一個階段，包括建立家庭，或在職場上爬到更高的位置。在這個時期，ESTJ 努力在工作和家庭、職場和私人生活之間保持平衡，ESTJ 卓越的目標導向能力讓這件事變得可能。對於三十歲的 ESTJ 來說，工作和家人都很珍貴、都需要守護，若你能夠理解他擔負的責任感，ESTJ 一定會被你感動。

四十歲的ESTJ

四十歲的 ESTJ 會以至今為止累積的經驗為基礎，加深生活的深度。在這個時期，ESTJ 會對目前所取得的成就感到自豪，喜歡向身邊的人分享自己的經驗和知識。四十歲是 ESTJ 對知識的追求達到巔峰的時期，他想要正式傳授自己的經驗和知識來栽培晚輩。所以，如果你能以尊重的態度看待，並對他的經驗和知識表現出興趣，就能與他建立特別的關係。

給愛著ESTJ的你的建議

- ESTJ 擁有高度的責任心，腳踏實地，也擁有計畫和組織工作的能力，在這個粗糙、目光短淺的世界，好像只要和 ESTJ 一起，就什麼都能做到。但是 ESTJ 偶爾也會倦怠，你的熱烈鼓勵將會成為 ESTJ 的動力。

- 一整天過得非常艱難的你，向 ESTJ 大吐苦水、描述今天發生的事，卻反而受到了更大的傷害嗎？ ESTJ 覺得感性的表達或產生同理心很困難，他自己也不知道該怎麼做，所以可能會想要敷衍了事。建議你傳授 ESTJ 一些祕訣，比如明確地告訴他，你希望聽到的回答是「原來你很累啊！」這樣你才不會生氣。必須講得這麼清楚才行。別期待他會發揮什麼創造能力。

- ESTJ 是最好的配偶。也許在談戀愛時，你會覺得對方的想法和行動太容易預測，所以沒有什麼戀愛興致，但是結婚後會發現，這種有計畫又勤奮的人是最棒的。如果和 ESTJ 在一起，當你要制定人生計畫時，ESTJ 也能提供有用的幫助。

坦率地表達自己心意的
ESFJ

「哇！原來你是天使！」

世界上最溫暖的領導者 # 所有人的老師
非常溫暖 # 共同成長

ESFJ 的特性是以人為本，因此他的世界會不斷與人產生連結。ESFJ 能快速理解他人的心情和狀態，尊重對方的情緒並表達同理。如果朋友或家人正在度過艱難的時期，ESFJ 會溫柔地安慰，同時伸出援手，提出方法解決朋友或家人的困境。ESFJ 會站在對方的立場上思考，努力理解對方的情緒。ESFJ 將情緒視為重要資訊，在與親近的人產生情緒交流時，會感覺到彼此是連結起來的。這是 ESFJ 的優勢之一。

ESFJ：容易同理他人，溫柔的現實主義者

ESFJ 會透過與人互動的過程得到力量，因此對於組成團體後協力合作很感興趣。ESFJ 也經常扮演領導者的角色，能以領導者的身分明確表達自己的意見，並觀察每個隊員，讓大家透過合作達成目標。開始進行一項計畫時，ESFJ 會徹底規劃業務內容，向組員明確告知各自的角色。另外，他還會有體系地管理業務，指導組員們按照計畫執行。ESFJ 會持續努力讓計畫成功，並投入所有必要的資源。

在推動計畫的過程中，有時 ESFJ 會過度固執己見，甚至對組員們說出否定的言論，這是因為 ESFJ 有著想讓

工作順利完成的強烈意志。但由於他的情緒敏感，若有組員因他固執的一面而感到辛苦，他也會感到痛苦，並會想要努力克服。

在 ESFJ 沒那麼固執的時候，他就會發揮卓越的能力來解決衝突，ESFJ 會試圖透過對話和相互理解來化解衝突。如果朋友之間發生衝突，ESFJ 會擔任兩人之間的仲裁者，聽取對立雙方的立場後努力理解，接著提出折衷的意見以及解決問題的方法。ESFJ 在衝突的情況下依然能保持冷靜，努力公正地解決問題，因此朋友們會同意 ESFJ 提出的折衷方案。

ESFJ 面對變化比較謹慎，喜歡停留在自己熟悉的環境和人群身邊。ESFJ 重視穩定勝於一切，會盡量避免日常生活中出現不必要的變化，因為他追求的是可預期的東西，所以會制定規律的行程，創造乾淨的空間。如果因離職或搬家等狀況，不得不處在新環境中，那麼他需要相當長的時間來適應新的空間和身邊的人。要等待 ESFJ 感到舒適自在時，他們才能逐漸適應新的景況。

以家中排行看 ESFJ

老大ESFJ

作為家庭的第一個子女，經常要發揮領導力；對自己負責的事情很有責任感，會認真執行。小時候幫父母照顧弟弟妹妹，長大成人後則花很多心思照顧年邁的父母。他會先清楚掌握家庭成員需要什麼、誰面臨什麼問題，然後努力解決那些問題。

排行中間的ESFJ

排行中間的 ESFJ，在家庭中扮演著溫暖的仲裁者，兄弟姊妹起衝突時，他會為了調解衝突而小心翼翼地接近當事人。重視人際關係的 ESFJ，從小就努力掌握和理解家庭當中不同成員的情緒，並以此為基礎，保持家庭的和睦。

老么ESFJ

作為家庭內備受喜愛的存在，老么 ESFJ 活潑可愛的性格非常突出。他會努力讓周圍的人心情變好，有時會為了逗家人開心，而表現出機靈又俏皮的樣子。但有時會過於依賴別人的反應，渴望得到愛。

獨生子ESFJ

與其他 ESFJ 一樣，他重視與家人的深厚關係。在家庭內部，常常給予父母情感支持，也在幫助家人建立深刻連結這方面，扮演非常重要的角色。作為獨生子女，他們往往對自己很嚴格，因此家長需要對獨生子女 ESFJ 承擔的壓力有所認知，有意識地努力替他減輕。

ESFJ 的戀愛：與你共同啟程的旅行

和你談戀愛時，ESFJ 是一個充滿活力和熱情的痴情人類。ESFJ 會坦率地表達情感，展現溫暖、深思熟慮的一面。ESFJ 是親切且體貼的戀人，無論何時都會真心地關心著你。即使你隱藏受傷的心、硬擠出微笑，ESFJ 也會注意到你的變化，並努力排解你的難過。為了讓你幸福，他常會送你大禮，或做出讓你非常感動的行為。當你和 ESFJ 在一起時，會覺得自己是被愛的，因此會想讓 ESFJ 也有這樣的感覺。

與 ESFJ 建立的關係會帶給你安全感和舒適感，他永遠都會忠實地扮演戀人的角色。有時即使 ESFJ 一整天下來很辛苦，如果你感到疲憊，他還是會更專注在你身上，努力讓你好過一點，而不是只顧著自己。如果你對 ESFJ 的這種努力表達謝意，說不定 ESFJ 反而會告訴你，能夠為你付出他也很開心。

在你看來，ESFJ 有時會為朋友或家人過度犧牲，你甚至還會擔心 ESFJ 是不是被利用了。這種時候，需要向 ESFJ 表達你的憂慮。因為 ESFJ 一直以來都非常理所當然地認為，自己應該要為親近的人犧牲，對此也已經習慣了，所以有時要讓他知道並提醒他，在關係中沒有必要無條件犧牲。重點是，要讓 ESFJ 在乎自己的情緒，而不是別人的；讓他們知道，有時為了保護自己，即使心裡不暢快，還是要懂得拒絕並且嘗試拒絕。這麼一來，之後 ESFJ 就能區分他人的情緒和自己的情緒，並對自己的情緒發出的訊號作出反應，學會適當管理情緒的方法。

如果你迷上了 ESFJ，也許是因為 ESFJ 和周圍的人相處得很好。ESFJ 很痴情，和你戀愛時，也會把你當作真正的「天使」，為你犧牲奉獻，是值得信賴且誠實的戀人。ESFJ 隨時準備為親愛的你做任何事，不惜一切，努力讓你變得幸福。如果你也只專注於 ESFJ，對 ESFJ 的奉獻精神表達感謝，你們兩人的愛情將會更接近永恆。

與 ESFJ 約會：放下疲憊，恢復與世界的連結

ESFJ 善於社交，也擅長為他人著想，所以在選擇約會地點和時間時，不會先發表自己的想法，而會先詢問你的意見。如果你沒有選擇地點，ESFJ 會思考哪裡可能是會讓你快樂的地方，然後選擇可以一起享受的地點和活動。在這過程中，ESFJ 會開始敏銳地「讀心」，即時讀出你在與他約會的過程中是否幸福，哪怕只有一點點可能性，他都會事先預防會讓你露出不悅神情的事。

對於如此敏捷地觀察你的神色、追求你的幸福的 ESFJ，如果你想要選擇會讓他開心的約會地點，推薦你和他一起去充滿翠綠樹木和清新空氣的森林或公園散步。ESFJ 平時會因為在人際關係中發揮了出色的同理能力和觀察力而疲勞，他的五感將能在樹林中獲得適當的刺激和恢復。如果能在森林裡一邊悠閒地散步一邊聊天，ESFJ 會覺得跟你之間的連結很深，對於關係的滿意度也會提升。除了森林，也可以去河邊或湖畔，邊散步邊聊些自在的內容，去山上慢跑、攀岩、露營、釣魚等也都不錯。最重要的是，接觸大自然有助於 ESFJ 恢復卓越的五感，因此可以根據當時的狀態，選擇要在大自然中進行激烈的活動，還是偏靜態的活動。

ESFJ 有很強的社會責任感，認為做些有利於他人及世界的事情很有意義，所以如果能和你一起當志工，他會很高興。對於 ESFJ 來說，如果能夠透過具體的經驗，感受到自己在某個方面能為世界帶來益處，這非常有助於他們形成積極正面的自我認同。如果你能和他一起參與這些活動，他就會認為你和他擁有同樣的價值觀，感覺與你之間產生了很深的連結，也會因此覺得世界更安全了。

各年齡層 ESFJ 特點與戀愛攻略

二十歲的ESFJ

二十歲的 ESFJ 的特性是面對愛情和人生都相當熱情，他會將一切都寄託在自己的人生和愛情上，也期待對方能付出到這樣的程度。這個時期的 ESFJ，會投資很多時間和精力在與另一半的溝通和互動上，他喜歡和另一半一起參與社會活動。想要成功與二十歲的 ESFJ 交往，重點是一起關注 ESFJ 關注的事，扮演總是鼓勵他的角色，並為彼此的幸福和成長付出努力。

三十歲的ESFJ

三十歲的 ESFJ 喜歡穩定的關係，有明確的生活方向和計畫。ESFJ 希望能與伴侶一起成長，認為與社會連結是很有價值的，因此對 ESFJ 來說，理想的伴侶是能跟他的家人、朋友好好相處的人。如果你想與 ESFJ 保持特殊的關係，那麼與 ESFJ 重視的人保持良好的關係很重要。

四十歲的ESFJ

四十歲的 ESFJ 對自己的生活和另一半有深刻的理解。他重視感情的深度和品質，為了能讓另一半高興，他會在某一天突然送上感人的禮物，用物質來表達。如果你愛著 ESFJ，最重要的是尊重 ESFJ 的情緒，努力了解並理解他喜歡什麼、想要什麼，在真誠稱讚的同時表達愛意。如果你了解 ESFJ，並帶著尊重和愛接近他的世界，那麼你與 ESFJ 之間，一定能擁有深沉、豐富且充滿熱情的愛。

給愛著ESFJ的你的建議

- ESFJ 是溫柔的現實主義者，如果愛你，就會為你犧牲奉獻。如果你想找到一個值得信賴的另一半，沒有比 ESFJ 更好的人選了。在與 ESFJ 共度的時間裡，為彼此奉獻的精神將散發光芒。
- 就像 ESFJ 能讀懂你的心一樣，請多花心思關注 ESFJ 的心情。ESFJ 認為情緒是有價值的資訊，所以如果你觀察 ESFJ 的心情，就會開始感受到彼此的連結。
- 如果有人強迫 ESFJ 犧牲，而 ESFJ 似乎也過度為周圍的人犧牲了，你就需要提出直接的建議。不願看到身邊的人失望，是 ESFJ 的成長動力，同時也是他的弱點，但透過你，他將會明白需要妥善管理自己和身邊的人的負面情緒。

將統計預測套用在愛情上的
ISTJ

「在愛情方面，信任也很重要。」

完美主義者 # 行程表的奴隸
只說事實 # 井然有序

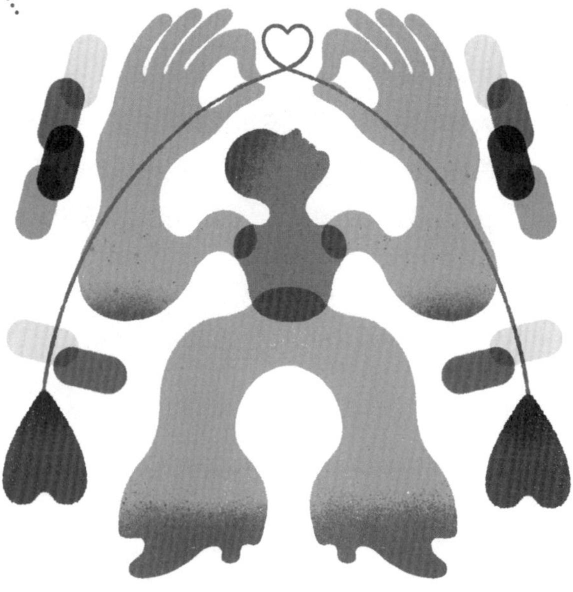

ISTJ 的特性是會徹底制定計畫並嚴格遵守，試圖完美地控制自己和周遭的情況。ISTJ 周圍的環境總是整理得整整齊齊，東西每次都放在同樣的位置。ISTJ 會將家裡整理得有條不紊，若去 ISTJ 的家環顧一圈，無論是誰都會覺得一目了然。維持周邊環境的整潔會帶給 ISTJ 極高的滿足感，而這種乾淨的習慣不僅會體現在自己家中，連短暫停留的空間也不例外。假設 ISTJ 受邀到別人家裡坐坐，ISTJ 雖然是客人，卻會整理自己座位附近的空間，如果看到屋子裡積了很多灰塵，還會想代替屋主打掃。因此，如果要邀請 ISTJ 類型的朋友來家裡，建議可以在 ISTJ 的位置旁偷偷準備一個掃除用具。

ISTJ：實在又正確的完美主義者

ISTJ 在工作方面非常投入，希望至少能在自己工作的領域成為專家。ISTJ 在執行業務時非常有體系又正確，不會遺漏細節。比方說，如果 ISTJ 要做蛋糕，他會希望能準確地遵循食譜的每個步驟，秤量正確的食材分量。因此，與 ISTJ 共事的人最好要知道 ISTJ 會按正確的順序工作，鼓勵他並與他合作。這樣的話，ISTJ 就會覺得自己得到了尊重和認可，和 ISTJ 的關係也會更加深刻。

ISTJ 是天生的管理者，即使擔負重任，也會很有責任感地完成。對於繁雜且要求準確度的事情，ISTJ 也抱持著非常實在的態度。他會像老鷹狩獵時的眼睛那樣，發現別人漏看的、非常小的錯誤，不會忽略細節，所以經常從事法律、稅務、會計相關的業務。

ISTJ 最大的優點是能完美地處理自己的事情並幫助別人，但有時會過於堅持自己的方式，無法適應變化。在與親近的人的關係中，有時也會採取封閉的態度，堅稱自己的說法是對的，這時其他人就會因為 ISTJ 的發言和行動而感到鬱悶、受到傷害。因此，ISTJ 必須嘗試努力聽取別人的意見，並採取尊重的態度。姑且不論對錯和效率，只要 ISTJ 試圖努力了解說話之人有什麼想法、感受到什麼樣的情緒，就不需要擔心自己會在人際關係中被孤立。如果 ISTJ 能發揮自己的優點並克服缺點，那麼以計畫負責人的身分推動業務時，就能與組員合作無間，締造好成績，創造新的成功神話。

以家中排行看 ISTJ

老大ISTJ

老大 ISTJ 較突出的部分，通常是責任感和有體系的思考方式。他從小就在照顧弟弟妹妹的過程中培養出了責任感，這對於 ISTJ 建立性格方面產生了很大的影響。如果父母拜託值得信賴的老大 ISTJ 幫忙，ISTJ 會為了能徹底完成而非常努力，還會為了成功而精準地擬定流程和行程表。ISTJ 會在弟弟妹妹面前展現良好的模範，也會透過與弟弟妹妹的相處培養出領導力。

排行中間的ISTJ

排行中間的 ISTJ 善於在兄弟姊妹之間找到自己的獨特位置，在大多數的情況下，他扮演的是調解手足糾紛的中心角色。在調解的過程中，ISTJ 會表現出公正的判斷力和有體系的思考方式，得到利害關係的當事人的信任。排行中間的 ISTJ 會透過這樣的經驗，培養出明確表達自己想法的能力，以及理解他人立場的能力。

老么ISTJ

老么 ISTJ 經常能讀懂自己所在群體的氣氛。ISTJ 會以獨特細緻的觀察力，經由哥哥姊姊們的試錯中學到很多經驗。因此，老么 ISTJ 有時會表現得非常老練，不像老么，所以經常會聽到身邊的人說他很沉穩。

獨生子 ISTJ

由於是父母唯一的子女，所以與其他 ISTJ 相比，會得到父母更多的關注，在這過程中，獨生子 ISTJ 會表現出想要從父母身邊獨立的強烈欲望，也會有強烈的自我主導性。但是小時候可能會覺得很難跟朋友們變親近，因為被排除在朋友之外而感到孤獨，不過這種經驗反倒能讓 ISTJ 設定對社交的期待值，並開始努力。

ISTJ 的戀愛：
相互信賴，守護不變的約定

ISTJ 是正直且值得信賴的人，他認為遵守約定很重要。因此，ISTJ 在與你談戀愛時也喜歡穩定且可預測的關係。比起那種情緒波動大、充滿激情的關係，他更喜歡在相互理解和尊重的過程中慢慢建立信任的關係。因此，在和你交往時，他會控制自己的情緒，努力保持情緒穩定。

ISTJ 的壓抑或不善表達感情，可能意味著他在完全理解或表達自己感情這方面遇到了困難。因此，你需要以身為 ISTJ 戀人的角度，提醒 ISTJ 表達感情有多重要，然後耐心等待 ISTJ 能在你面前輕鬆地表達。

如果你迷上了 ISTJ，可能是因為他完美的執行能力。ISTJ 會穿著燙得平整的衣服，維持端正的姿勢，無論做什麼事情都力求完美，在幫助身邊的人時也是全力以赴。看到ISTJ這樣的面貌，會讓你覺得他是一個正直、值得信賴的人。此外，在你和 ISTJ 開始交往後，說不定會比交往前還更喜歡 ISTJ。ISTJ 為你犧牲奉獻的精神，以及看待關係認真的態度，作為長期伴侶，可說是滿分中的滿分。

若你和 ISTJ 起了衝突，可能是因為 ISTJ 和你約會時過分重視約定好的時間，並要求你也像他一樣擔負起某種責任。如果你是追求自由的人，可能會對於 ISTJ 的這種行為感到鬱悶，會覺得與 ISTJ 的關係像一種束縛。ISTJ 比其他人更有體系和組織，所以在工作崗位上，可能會被同事們評價為很有能力的人，但在應對家人、戀人、朋友等私人關係時可能較不熟練。尤其愛情，對 ISTJ 來說更是一個未知的世界，所以在他不斷提出具體要求的過程中，可能會無意間讓你感到窒息。這時，最好能向 ISTJ 明確表達你的想法。如果為了不破壞 ISTJ 的心情而委婉地說，那麼 ISTJ 可能永遠都無法理解，因此要採取果斷的態度和明確的表達方式才行。無論如何，都不要收回你投向 ISTJ 的溫暖視線。

與 ISTJ 約會：熟悉的體驗，能帶來自在感

如果問 ISTJ 要約在哪裡，ISTJ 就會告訴你他已經準備好的約會計畫。ISTJ 會慎重、徹底地準備計畫，可能已經事先擬定了約會行程、調查了適合約會的場地資訊。

在戀愛初期，ISTJ 還在了解你，所以會詢問你喜歡什麼，並根據你的喜好制定計畫。如果你喜歡去吃美食，ISTJ 會在通勤時抽空上 YouTube 搜尋，了解全國各地的美食，然後在每次約會都分階段推薦；如果你說喜歡健行或登山，他就會去找適合的健行路線，和你一起享受。比起去做什麼事，ISTJ 喜歡的是和你待在一起，所以他不會堅持自己的喜好，而會詢問你的意見。對於 ISTJ 來說，最重要的是可預測性，因此進入戀愛中期後，他會希望去自己很熟悉、已經去過幾次的地方。嘗過的味道和熟悉的環境會帶給 ISTJ 自在的感覺，自在的感覺能讓 ISTJ 尖銳的完美傾向變得圓滑又有彈性。如果想看到溫柔的 ISTJ，最好能邊吃 ISTJ 喜歡的食物，邊與他對話。

各年齡層 ISTJ 特點和戀愛攻略

二十歲的ISTJ

對於 ISTJ 來說，青少年時期是以學業或職場為基礎來理解世界，並確立自己價值觀的時期，也是 ISTJ 以責任感和細心嶄露頭角的時期。ISTJ 在戀愛時，會努力維持一段持久且穩定的關係，但同時也會意識到自己很難表達感情。如果你能理解 ISTJ 表達感情時的生疏，不會懷疑他那無法用言語表達的愛，那麼你對 ISTJ 而言，就是值得信賴的戀人。

三十歲的ISTJ

三十歲的 ISTJ 通常會在這個時期確立自己的生活和價值觀，追求穩定的生活，專注於有系統地安排自己的生活，這也會影響到他們的戀愛風格。因此，讓三十歲的 ISTJ 看到你是個相當穩定、值得信賴的伴侶，這點是非常重要的。如果與 ISTJ 交往，ISTJ 就會把你納入未來計畫中考慮，並希望你能參與他追求穩定的生活。

四十歲的ISTJ

四十歲是 ISTJ 的體系和信賴度成熟的時期。四十歲的 ISTJ，很有可能在公司擔任管理職務或重要職位，他已經清楚理解自己的生活和價值觀，並以此為基礎維持關係，確實地維護工作與生活的平衡。因此，想要吸引四十歲的 ISTJ，重點是要理解並接受他的價值觀。要努力理解 ISTJ 的世界，展現出想跟他一起成長的意志。

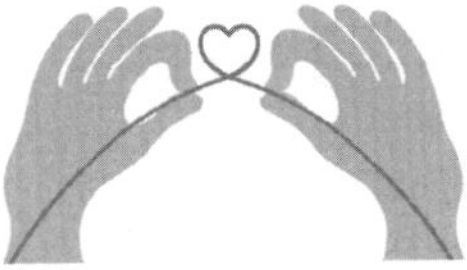

給愛著ISTJ的你的建議

- ISTJ 希望戀愛也能預測，所以不僅是約會，連計畫未來時，都會把你一起考量進去。有系統地制定計劃、分階段完成任務，能讓 ISTJ 體會到成就感。
- ISTJ 相當重視承諾，要是你違背承諾，ISTJ 可能會不自覺地訓斥或指責你。這是因為 ISTJ 對於守約很敏感，認為如果有人違背與他的約定，就是不尊重他。請告訴 ISTJ 事實並不是如此：「我爽約，並不代表我不喜歡你。」
- ISTJ 不太會說關於自己的事，有時候連對家人可能都不太客氣，這是因為 ISTJ 總是追求完美，平時也非常緊張的關係。所以，如果你讓 ISTJ 感到自在，ISTJ 就會慎重地一點一點說出自己的事。

像栽培植物一樣珍惜緣分的

ISFJ

「只要是你喜歡的，我都喜歡。」

所有人都要幸福才是幸福 # 世界上最帥氣的圖書館員
小小的幸福 # 慢慢變亮的滿月

ISFJ 對自己周遭的環境和親近的人都會給予深切的關心和愛護，對方需要些什麼時，他會默默地提供。吃飯時，如果另一半的嘴角沾到了某個東西，ISFJ 就會以自己的方式為對方著想。為對方著想，可能是對於另一半嘴角沾到的東西視而不見，也可能是快狠準地替另一半擦拭嘴角，甚至快到對方無法輕易察覺。無論採取何種方法，ISFJ 都不希望對方驚慌失措。

ISFJ：用溫暖的心關注別人的安靜照顧者

ISFJ 在細節方面展現出驚人的專注力。連日常生活中最小的變化，ISFJ 都會有敏感的反應，他對人的理解非常全面，並會以此為基礎照顧身邊的人。例如，在朋友有點不高興時，或者家庭成員參加新的活動、擁有新的興趣時，觀察力強的 ISFJ 都是最先察覺到的。雖然看似無心，但 ISFJ 總是用溫暖的視線關注著身邊的人。ISFJ 獨特的、對周遭環境的深刻理解和同理能力，會在關鍵時刻，為需要幫助的人提供恰到好處的幫助。認識 ISFJ 的人，會對於 ISFJ 無微不至的幫助表達感謝，ISFJ 雖然性格內向，在人際關係中卻經常處於重要地位。

ISFJ 可靠負責，重視以自身經驗和事實為根據的資訊，並且會客觀且實在地評估情況，提供最可行的解決方案。因此，ISFJ 在開始一項新工作時，會找出相關工作者的經驗和訣竅，在腦海中將所學的內容清楚地整理，所以面對工作時就像個老手一樣。儘管如此，如果還是有些不熟悉的部分，ISFJ 實際去執行時，也能在很短的時間內熟悉工作，找出專屬自己的、最有效的方法。經歷過先前的試錯後，他將能指導未來的自己。另一方面，由於 ISFJ 腳踏實地、不斷成長，因此會在某一天創下其他人無法輕易超越的驚人成果。

ISFJ 有時會把別人的需求看得比自己更重要，並且會敏感地捕捉身邊的人的情緒變化，偶爾會選擇壓抑或忽略自己的情緒。明明 ISFJ 自己已經過度疲勞或感到有壓力，但當親近的人拜託 ISFJ 幫忙時，他還是會不忍心拒絕，所以往往會為了幫助別人而犧牲自己。因此，應該要訓練 ISFJ 重視自己的情緒，大膽地向他人表達自己的情緒，否則 ISFJ 終究會因為身邊的人而失去了自我。尤其要練習如何明確拒絕別人借錢的要求。

以家中排行看 ISFJ

老大ISFJ

性格細膩、責任感強的 ISFJ，若在家裡排行老大，就會扮演一個溫暖的領導者。上順父母之教，下助弟弟妹妹之難。舉例來說，老大 ISFJ 會主動負責家務，或者幫助弟弟妹妹們做功課，也會成為家庭成員的模範，示範如何先理解、分辨好壞後再行動。

排行中間的ISFJ

排行中間的 ISFJ 會對家庭成員表現出深厚的感情和關心，善於調解家庭紛爭。相較於因自己不被關注而感到難過，他更重視維持家庭共同體，調解家人間的不和睦並尋求和解。排行中間的 ISFJ，通常能扮演支持長子或長女的副手角色，對老么來說，也是能自在相處的對象。

老么ISFJ

老么 ISFJ 是家庭中最受喜愛的存在，他會將自己得到的愛，傾注在家人中需要照顧的人身上。老么 ISFJ 會對家人表現出合作的態度，經常扮演理解父母和哥哥姊姊的心情並給予安慰的角色，但如果老么 ISFJ 比較內向，在較外向的家人當中，反而會強化他被動的態度。為了防止這種情況發生，其他成員一定要仔細詢問 ISFJ 的意見並聽取回答。因為如果不問，通常 ISFJ 都不會發表意見，平時也都是說「大家開心就好」，然後隱藏自己的情緒。

獨生子ISFJ

獨生子 ISFJ 與父母的直接相處，使得他在精神方面快速成熟。他從小就想幫助父母，也會像幫助父母一樣照顧朋友和愛人。即使沒有兄弟姊妹，在與朋友的關係中也有著共同體的意識，認為安慰和幫助自己珍惜的人是很有價值的。

ISFJ 的戀愛：慎重決定、緩慢進行的關係

ISFJ 是慎重且值得信賴的戀人，在愛情方面也維持著這種態度。雖然從第一次見到你到現在，他都會一直保持著親切的態度，但他對於表達自己的感情非常慎重，所以和你談戀愛很有可能會緩慢地開始。立刻墜入愛河有違 ISFJ 的戀愛風格，與 ISFJ 的戀愛，更像是「如同不知何時淋濕了衣服的細雨那般，緩慢地進行」。ISFJ 在

開始談戀愛之前會慎重考慮自己的感情，同時也會想知道你是不是值得信賴、可以讓自己付出一切的人。因此，在正式開始談戀愛之前，ISFJ 需要時間了解你。

對於 ISFJ 來說，沒有那種輕鬆的戀愛。ISFJ 要開始一段戀情時會非常慎重，因此也會難以忘記上段戀情帶來的傷痛。通常傷口越深，進入下一段關係時就會越疲勞，單身的時間也會越長；另一方面，雖然也會因孤獨而覺得難受，但他不會期待別人來治癒自己，而是會等待自己完全準備好。

如果你迷上了 ISFJ，那可能是因為 ISFJ 的細心和溫暖。無論你問什麼，ISFJ 都會親切地說明，當你需要幫助時，他也會積極幫助你。如果你正處在艱難的時期，ISFJ 會安慰你，直到你好轉為止。為了安慰你，他會用盡所能用的最甜蜜的詞彙，或發揮他最大的幽默感，來幫助你轉換心情。

不過，不僅是對你，ISFJ 對任何人都不會說出負面的言語。只要有人拜託，他就不會拒絕，而是會竭盡全力幫忙，然而 ISFJ 卻不願請求別人幫助，反而試圖獨自處理。雖然經常聽到身邊的人說他善良又親切，但他可能已經傷透腦筋，除了非常在意 ISFJ 的你之外，沒有一個人察覺到。你應該提醒ISFJ，要像對待別人那樣對自己好一點，即使人們不理解，也需要表露自己的情緒和欲望。

ISFJ 重視傳統價值，在戀愛中比起變化，更追求穩定和保護。因此，他有時候也會希望你重視傳統價值。如果你重視開放和進步，可能會覺得這跟 ISFJ 的價值觀是有衝突的。當你覺得跟他有點不合時，最好能向 ISFJ 坦率地表達你的想法和情緒，因為 ISFJ 會尊重你，並努力理解你。平時 ISFJ 不會指責與自己想法不同的人，而更傾向於努力理解，這點在面對與你的衝突時也同樣適用。另外，ISFJ 不會隨意承諾，一旦承諾了，就一定會努力遵守。ISFJ 會盡最大努力用行動履行自己說過的話，因此ISFJ在與你發生衝突時許下的承諾，依然可以信賴。但是，ISFJ 對你也有這樣的期待，所以應該要展現出可以建立彼此信任的行為。透過這種信任的持續累積，你和 ISFJ 將成為「命運共同體」，成為比任何人都更深入理解彼此的關係。

與 ISFJ 約會：安穩舒服，最能感受幸福

ISFJ 喜歡在安穩舒服的環境約會。在人多吵雜的地

方，ISFJ 會感到不安，想盡快離開。對於 ISFJ 來說，不確定性和不可控制的情況都難以忍受。不過，ISFJ 不是每次都喜歡去同樣的地方，也不是總想去安穩的地方，偶爾帶 ISFJ 去平時沒想過的地方，他也會很開心的。

ISFJ 喜歡制定約會計畫，並且會努力讓你感到自在。他會細心記住你喜歡什麼食物、在什麼地方會感到自在等，然後找一個你可能會喜歡的地方約會。

如果你與 ISFJ 的喜好相似，ISFJ 就會帶你去安靜的咖啡廳，在輕鬆的氣氛中對話。在安靜的咖啡廳品嘗咖啡、和你分享日常生活，是 ISFJ 夢想中的幸福。ISFJ 的幸福比較微小，和你一起在公園散步也能體驗到幸福；另外，ISFJ 比較喜歡動手做東西，可能會邀請你回家，親自為你下廚。和你一起準備餐點並一起享用的過程，對 ISFJ 來說是很有意義的。

如果你和 ISFJ 的戀愛維持很久，ISFJ 會覺得跟你在同一空間做著不同的事情很安穩。ISFJ 幫植物澆水時，你在閱讀，當兩人放下原本專注的事情時，還能繼續輕鬆地談論剛剛各自在進行的活動。ISFJ 認為彼此瑣碎的對話、分享生活點滴非常有意義。

各年齡層 ISFJ 特點和戀愛攻略

二十歲的ISFJ

ISFJ 在青少年時期就已經找到了自己的角色，專注於提升自己的能力和知識，目的是要幫助別人。ISFJ 喜歡在學校或職場上跟其他人建立要好的關係，透過學生會的社服委員會等活動，與同儕維持要好的關係。當然，任何人都很難在這個時期得到安全感，但 ISFJ 認為維持自己生活的安全感和平衡很重要，因此會制定相關計畫。如果你想繼續和 ISFJ 交往，那麼主動幫助一直默默為身邊的人犧牲奉獻的 ISFJ 是很有效的。

三十歲的ISFJ

進入三十歲後，ISFJ 專注於確立他們生活中的重要價值和目標，並希望自己的工作能夠跟自我價值產生深刻的連結。對於這個時期的 ISFJ 來說，職業得到認可是很重要的，所以如果你想和 ISFJ 建立特別的關係，建議在和 ISFJ 談論他的工作時認可他的價值。

四十歲的ISFJ

四十歲的 ISFJ 在生活中會感受到安全感，對於生活中重要的價值和人有了深刻的理解，並且認為成為足以讓家人和朋友信賴的人尤其重要。如果你喜歡四十歲的ISFJ，就要認可ISFJ的努力和犧牲精神，認為ISFJ幫助別人是很有價值的，並且讓他知道你們的目標是相同的。

給愛著ISFJ的你的建議

- 如果 ISFJ 愛你，當你疲憊或傷心時，他會努力在身邊給你力量。有句話說，疲憊的時候還留在身邊的人才是真心的。ISFJ 會用行動表達對你的心意，而不是用言語。
- ISFJ 有時明明已經很累，卻還是想幫助身邊的人，或不知道如何表達自己的情緒，這時的他們會很用力壓抑自己的情緒。如果你能告訴他「怎麼表達都行」，他就能因此得到力量。
- ISFJ 雖然不是浮誇的戀人，卻是能守護你、讓你感受到小確幸的戀人。如果希望你的生活長久地閃耀著光芒，隱約散發著魅力的 ISFJ 正適合你。

第四章

期待更好的世界和我們的成長

ENTJ, ENFJ, INTJ, INFJ

愛情也需要邏輯的
ENTJ

「奇怪的是，在你面前我總是變得軟弱。」

理性的戰略家 # 未來導向的領導者
競爭鬣狗 # 感情功能異常

很多人看到在舞臺上大放異彩的偶像，都會希望自己也能像那樣站在舞臺上。但是，ENTJ 會想著「我想造就出像舞臺上的人那樣大放異彩的人」。ENTJ 喜歡發揮卓越的領導力，也喜歡帶領人們，所以比起成為耀眼的人，他更想打造出耀眼的人物和景象。

ENTJ：追求目標實現的理性戰略家

ENTJ 是天生的領導者，就算一開始沒有那樣的念頭，但在跟其他人一起共事之後，最終還是會擔任領導者的角色，因為 ENTJ 善於立定具體目標，並制定實現目標時所需的計畫。ENTJ 具有展望未來的戰略思維，喜歡預測未來，並制定相對應的計畫。他喜歡在考慮到未來的所有可能性後制定自己的戰略，有時也會享受不確定性，因為那感覺就像是與不確定的未來對弈。在計畫和執行一件事情時，若出現自己意想不到的不確定因素，ENTJ 會享受將不確定因素轉化為定局的過程。ENTJ 善於規劃和推進，將原本只存在於腦中的理想世界化為現實，當其他人最終親眼目睹 ENTJ 想要打造的世界時，他將會感受到龐大的成就感和喜悅。也可以說他就是為了那一天，才建立團隊、提出願景並引領團隊的。ENTJ

是帶領世界變化的主體。

當成員之間有意見分歧等問題時，ENTJ 也會站出來發揮統率的能力，解決問題並讓成員們想起共同的目標。ENTJ 認為最重要的就是實現目標，並且會為此適當地管理自己和成員。

然而，在人際關係中的 ENTJ，雖然善於明確表達自己的意見並解決問題，但在理解感情問題、主觀問題和產生同理心方面卻有困難。ENTJ 堅信自己的意見是正確的，因此在主張的過程中，容易忽略或輕視他人的想法。

他在談論跟情緒有關，或者主觀的觀點等問題時，特別容易遇到困難。比方說，朋友因感情問題而吐苦水時，ENTJ 會傾向提出客觀的解決方案。由於 ENTJ 試圖有邏輯地解決朋友的情緒問題，所以有時無法完全理解朋友的情緒或產生共鳴。這意味著，如果朋友想要得到的是情感支持，ENTJ 可能無法提供。而這樣的問題如果反覆出現，通常會造成 ENTJ 與身邊愛護自己的人的關係逐漸疏離。因此，ENTJ 必須努力理解與情緒相關的主題，不該認定與自己不同的見解就是錯誤的，而是要以尊重的態度努力傾聽。

以家中排行看 ENTJ

老大ENTJ

第一個出生的 ENTJ，自然會在家庭中發揮領導力。他會在家庭中扮演主導的角色，並提出意見，讓其他家庭成員，特別是弟弟妹妹們聽從自己的意見。家人知道 ENTJ 具備決斷以及執行計畫的卓越能力，所以會順著 ENTJ 的提議行動。但是在這過程中若稍有不慎，他就會與持不同意見的家庭成員發生很大的衝突，尤其如果對象是弟弟妹妹，他可能會認為弟弟妹妹的意見不成熟而忽略。因此，老大 ENTJ 應該要比其他 ENTJ 更努力聽取家中比自己年幼的成員的意見。

排行中間的ENTJ

在家庭內維持自己的獨立性，為促進家庭成員的合作做出貢獻。當家中發生任何問題時，他的處理方式會比任何人都更合理、有邏輯，並提出較有可能實現的解決方案。不過有些時候，問題需要等當事人自己解決，這時 ENTJ 的行為就會顯得多管閒事，反而造成衝突。ENTJ 不僅要提升解決方案的品質，還要尊重自己面前的人。

老么ENTJ

最晚出生的老么ENTJ，在成長過程中，會從哥哥姊姊們犯的錯誤中學到很多，在這過程中機智地開發出自己獨特的強烈意志和領導能力。因此，老么ENTJ具有可以理解和接受多種觀點的開放思考模式。不過，如果家人因為他是老么而經常忽略他的意見，或讓他覺得自己沒有那麼重要，那麼家人可能會難以看到老么ENTJ的優點。

獨生子ENTJ

獨生子ENTJ自主且獨立，能力很強，能制定自己的計畫，並為了自己的目標努力。然而由於主觀意識強烈，缺乏與家人合作的經驗，進入社會後就需要學會與同事合作，也可能會因為沒有考慮他人的立場而發生衝突。雖然好勝心很強，在任何地方都不曾輸給任何人過，但也許會因此沒有朋友能一起吃炒年糕，或聊一些無聊話題來增進友誼。因此，獨生子ENTJ需要領悟幫助別人的喜悅，以及禮讓的美德。

ENTJ 的戀愛：
建立穩固夥伴關係，追求共同成長

ENTJ 的風格是有邏輯、目標導向，因此在戀愛時也不受情緒支配，認為邏輯判斷更有價值。ENTJ 在與你的關係中會優先考慮到相互尊重，認為你是和他一起朝向同一目標前進的夥伴。因此，ENTJ 認為應該要以認真的態度來面對與你談戀愛這件事，並追求彼此成長。這意味著 ENTJ 不只追求自己的成長，也會給身為另一半的你同樣的機會，為你的成長努力。你和 ENTJ 就像是因戀愛而認識的共同企劃組一樣。

如果你迷上了 ENTJ，可能是因為 ENTJ 出色的領導力。ENTJ 的領導力不僅會體現在工作上，還體現在生活的方方面面，所以 ENTJ 看起來就像混亂世界中的指南針一樣可靠。

ENTJ 的戀愛風格，和 ENTJ 出色的領導風格非常相似，跟你的關係一旦出現問題，他就會試圖立即解決，有邏輯地分析情況，努力尋找最有效的解決方案。從這個面向可以看出，ENTJ 在與你的關係中，也想扮演積極主導的角色。

但是，ENTJ 的領導力和有邏輯的處理方式，也可能會引發你們關係之間的衝突。因為 ENTJ 有時會沉迷於以邏輯分析事件，無視當事人的情緒或堅持自己的觀點，無法理解想法與自己不同的人，和你談戀愛時也會體現這種特性。如果你希望 ENTJ 能同理你，或者要求他交給你自己解決，ENTJ 就會不知所措，因為他們習慣總是提出有邏輯的解決方案，讓自己或別人透過解決方案達到自己想要的目標。但是透過這樣的衝突，ENTJ 會明白情緒的重要性，也會知道需要以更開放的態度接受對方的意見。

ENTJ 的戀愛風格最終反映出，他希望所愛的人認定他是獨立且強而有力的存在。ENTJ 認為，當所愛的人尊重他的想法和意見，表現出想與他一起成長和進步的意志時，此時的他才得到最多的愛。這就是 ENTJ 在和你談戀愛時最終想達成的目標。

與 ENTJ 約會：
增長知識和洞察力的新鮮挑戰

ENTJ 和你交往時，是那種會主動提議「我們哪天見個面！去某個地方吧！」的人。ENTJ 的工作欲通常很旺盛，所以在和你約會時可以喘口氣。但如果他的工作和生活已經達到一定的平衡，並且也想在與你的約會中找到意義，那麼 ENTJ 就會想和你一起去一個能滿足求知欲的地方。他喜歡去圖書館看書，或者和你一起討論彼此感興趣的知性領域。

ENTJ 喜歡吸收新的資訊，滿足自己的好奇心，所以去旅行時，如果該地區有知名的博物館、美術館、遺址等，ENTJ 就會想去那裡學習新知。而且，他不只想學習新知，還希望能和你交流，進行有深度的討論。ENTJ 認為自己有洞察力，但他也會在和你的對話中發現你獨特的洞察力，並給予高度的評價。

ENTJ 樂於挑戰新事物和競爭。他喜歡山間健行、騎單車、滑橡皮艇、攀岩等戶外活動，因為能提升並超越身體的極限，也喜歡像桌遊或電腦上的戰略模擬遊戲一樣，需要戰略或有競爭性質的活動。

如果你想培養能與 ENTJ 一起從事的興趣，建議可以打網球或打桌球，ENTJ 會非常開心。但是有一點你必須知道：從進入球場的那一刻起，ENTJ 可能會像狩獵的鬣狗一樣一心求勝，為了贏過你而撲過去。當你對 ENTJ 有深厚的愛意時，會覺得他像小孩子一樣純真，但當你對他沒有那麼深的感情時，可能就會覺得他為了求勝而漠視你，或者看起來不怎麼在乎你。不過，如果你也是喜歡競爭的人，那麼別人看到你們非常開心地享受遊戲的樣子，可能會在一旁欣賞 ENTJ 和你的對決。

各年齡層 ENTJ 特點和戀愛攻略

二十歲的ENTJ

ENTJ 很有可能在大學或自己所屬的團體擔任領導者。即使不戴烏紗帽，ENTJ 的主導性和目標導向的性格，還是會讓他們自然而然地在朋友之間成為領頭的人。二十歲的 ENTJ 通常處於職涯的起點或成長的階段，想在自己的工作中找出有邏輯又有效的方法。如果你覺得二十歲的 ENTJ 很有吸引力，那麼即使 ENTJ 看起來野心太大，最好還是要給予支持，幫助 ENTJ 實現目標。此外，也建議你能與 ENTJ 一起創造新的經驗，和他一起享受有邏輯的對話。

三十歲的ENTJ

三十歲的ENTJ在這時期會確立自己的資歷和目標，追求特出的效率，因此能在職場內快速成長。而且 ENTJ

的事業心很強、喜歡競爭，所以很有可能會比同期的人更快晉升。ENTJ 總是會帶領自己所屬的團隊取得最好的成果，組員可能會透過 ENTJ 進一步提升自己的能力，重新發現優點。三十歲的 ENTJ 覺得，自己制定的計畫得到理解和支持、自己的努力得到認可，是比什麼都還重要的，所以如果你要接近三十歲的 ENTJ，最好充分考慮這些特性。

四十歲的ENTJ

四十歲的 ENTJ 很有可能已經在資歷和個人成長方面取得了一定的成就。如果說之前是只為了成長而奮鬥，那麼到了已經取得一定成就的四十歲，就會想把自己的經驗和知識傳遞給別人，所以常常會在工作之餘進行授課或分享。因此，如果想與四十歲的 ENTJ 建立親密的關係，最好能認可 ENTJ 的成就，尊重他的經驗和知識；另外，最好能將與 ENTJ 進行知性談話視為很有價值的事。

給愛著ENTJ的你的建議

- 無論在哪裡都不遜色的 ENTJ，他的樣子真的非常迷人。但是與 ENTJ 交往後，可能會發現他在與你談論私事時常常故障，因為 ENTJ 在談論感性話題時不太自在，所以不要因為傷心而責備 ENTJ。一個不小心，ENTJ 可能會更生氣。
- 當你站在抉擇的交叉路口時，ENTJ 會提出最好的解決方案。他會有邏輯地提出根據來說明，所以聽著聽著就容易被說服。和 ENTJ 在一起，你的混亂只會是短暫的。
- ENTJ 希望能和你一起成長。雖然他比較獨立，但不會只考慮自己的成長，而是會努力幫助你成長，成為你的力量。與 ENTJ 合作，會讓你覺得自己成為了比昨天更有能力的人。

視愛情為魔法的

ENFJ

「我會努力和你一起變得幸福。」

 # 溫暖的療癒領袖 # 堅韌的理想主義者
 # 成長禮讚論者 # 稱讚能讓 ENFJ 跳起舞來

ENFJ 通常會以溫暖的社交態度來對待他人，與ENFJ 親近的人，都會認為 ENFJ 是「親切又體貼的人」。ENFJ 之所以會得到這種評價，是因為他努力以卓越的同理能力深入理解他人。ENFJ 會透過對自己和他人的深刻理解和情感連結來追求圓滑的人際關係，因此他比較喜歡與人深入交流；此外，他認為這種交流相當有助於自己親近的人的個人成長和發展。ENFJ 會以關係為中心，透過這種方式建立社群。

ENFJ：能讀懂他人情緒的溫暖療癒領導者

ENFJ 很適合教學的職業。如果 ENFJ 擔任教師，不會只是純粹向學生傳授教科書上的內容，還會努力理解每個學生的個性、煩惱、處境、目前的情緒狀態等。另外，他能讓自己所教的班上的學生感到自在，而且因為受到學生信賴，在解決學生之間的衝突這方面也很有技巧。

ENFJ 重視學生相互合作和尊重，因此會傳授方法，讓學生理解彼此的不同，也會竭盡全力營造讓學生們能互相學習和成長的環境。

ENFJ 是和平主義者，喜歡與各式各樣的人相處，透過與人之間的連結能感受到幸福；此外，ENFJ 能言善道，所以會發揮自己的直覺，努力讓人們感到幸福。但當他過度關注人際關係、試圖幫助人們時，就會出現問題，因為他可能會為了自己所屬的團體和其他人的幸福自在，而壓抑或犧牲自己的需要。別人很難察覺到 ENFJ 正在犧牲，這是因為 ENFJ 善於讀懂人們的情緒，也很擅長對別人隱藏自己的情緒。不僅如此，他雖然對別人很寬容，對自己卻很嚴格，所以會獨自在房間裡承受痛苦，每次與人見面時，卻會笑著說沒關係。另一方面，ENFJ 對別人的需要會表現出敏感的反應，有時還會多管閒事，越過關係分際，反而讓情況惡化，違背了 ENFJ 的本意。

ENFJ 是闡述理想世界前景的領導者，所以要是共事的人或身邊的人跟自己理念不合，他就會受到很大的傷害，長時間陷入其中、無法走出來。因為 ENFJ 不願獨自一人前往「尚未到達的未來」，而會希望能和自己的同伴一起前往。不過，在實現理想的過程中必然會出現批評和憂慮，ENFJ 對此卻非常敏感，要是逃避這種批評，到後來反而會把事情搞砸。除此之外，對於別人帶給自己的傷害，他都會記得很久，這可能會因此破壞他所重視的人際關係。因此， ENFJ 需要檢視自己的敏感度，以應對因為別人而受到的傷害。

以家中排行看 ENFJ

老大ENFJ

領導力和責任感很強的 ENFJ 如果在家中排行老大，就等於穿上了合身的衣服。老大 ENFJ 喜歡在父母和弟弟妹妹之間忠實地扮演橋樑的角色，鼓勵弟弟妹妹發揮最大的潛力。ENFJ 想成為弟弟妹妹們的模範，所以很在意自己的行為帶給他們的影響，並試圖控制自己的欲望。但一不小心就會過度在意家人是否認可，如果這樣下去，就會因為太在乎家人、承擔太多責任而備感壓力。

排行中間的ENFJ

排行中間的 ENFJ 在父母與子女之間、兄弟姊妹關係中都扮演仲裁者的角色，因此懂得看情況臨機應變。ENFJ 的同理能力讓他能深入理解家庭成員間不同的立場，ENFJ 常常為了家庭的和諧，而發揮這種同理能力解決衝突。但如果家人沒有認同他的犧牲奉獻，就有可能助長他的負面情緒。

老么ENFJ

老么 ENFJ 常常展現出 ENFJ 獨有的魅力和親和力。由於他善於社交且能細膩地感受情緒，所以很容易和周圍的人建立關係。老么 ENFJ 會帶給比自己年長的家庭成員活力和能量，在家庭聚會上負責表現才藝。讓家人開心固然很好，但也要充分掌握自己的情緒。

獨生子ENFJ

具主導性和獨立性。獨生子 ENFJ 對自己的工作充滿責任感，善於為了實現目標而制定計畫。同時，ENFJ 也試圖憑藉卓越的同理能力和對他人的高度理解，追求與身邊的人建立深厚的關係。ENFJ 重視關係，當他是獨生子時，偶爾可能會因為覺得自己是獨自一人而感到孤獨。

ENFJ 的戀愛：探索名為「愛情」的深刻感情

ENFJ 會對另一半付出全心全意，已經做好了要為所愛的人犧牲很多的準備。如果你正在經歷艱難的時期，

ENFJ 就像黑暗大海中的燈塔一樣，成為你的一道光，讓你能在伸手不見五指的茫茫大海中尋見道路。ENFJ 在經歷困難的時期時，也希望你能感同身受並安慰他。如果你不像 ENFJ 那樣對別人的情緒非常敏感，可能就無法察覺到 ENFJ 發出的訊號。這時，ENFJ 會對於你無法像他一樣敏感地察覺，而感到非常遺憾，如果你陷入 ENFJ 的埋怨中，矛盾就會加深。建議你把 ENFJ 的埋怨理解為，他是在發送「請認可我」的訊號，對於 ENFJ 說的話，只要接受一半就好，並且冷靜沉著地反應。

但大部分時候，ENFJ 對你來說會是溫暖親切的戀人。當你傾訴煩惱時，他會真心希望你能變好，並在聽完你說的問題後一起尋求解決方案。要是你生病了，他也會盡力照顧你。

如果你迷上了 ENFJ，那應該是因為他有驚人的社交能力，能毫無顧忌地接近人們，並讓人們很快就站在自己這邊。回想你和 ENFJ 第一次見面的時候，ENFJ 也是以非常友好的態度接近你的，為了得到你的好感，他應該付出了很多努力。這是 ENFJ 極大的才能，也會成為 ENFJ 拓寬自己經驗的一大跳板。

ENFJ 和你交往後最大的優點是，他很重視彼此的成長和發展。ENFJ 具有驚人的能力，能發現你身上最好的一面，還會積極地幫助你成長，讓你的優點擴大；你也會幫助 ENFJ 成長，所以彼此都會在這段關係中發現更好的自己。

為了做到這點，即使 ENFJ 與你發生衝突，也要理解彼此不同的見解，並摸索出妥協的方法。跟你爭論時，他不會作出情緒化的反應，而是會接受你的情緒，並且找出最合理的方法來解決問題。不過，如果你無法接受這一點，反覆發生衝突，那麼他很有可能會轉身離開，不會再理解你。為了有效擺脫衝突，你和 ENFJ 不能只是迴避矛盾，而是要充分表達彼此的立場，否則這種無謂的感情消耗戰會持續很久。

對於 ENFJ 來說，你是一個特別的存在。ENFJ 珍惜關係，也很重視戀情，所以在與你的關係中會體驗到比任何人都更深刻的情感。對於 ENFJ 來說，戀人是世界上獨一無二的存在，所以他希望在任何情況下，你都能站在自己這邊。因此，ENFJ 會盡最大努力，讓你們之間的戀情變成非常特別的經歷，在更深層次的關係中，他會把你和他的幸福當成他的生活目的。

與 ENFJ 約會：對世界有益，共同學習最重要

ENFJ 喜歡幫助他人，所以喜歡參加幫助需要幫助之人的活動。他應該會喜歡和你一起報名志工團體、參與志工服務，或是把自己的知識分享給需要的人的教育活動。ENFJ 最期待你也能一起參加他認為對世界有益的活動，但即使你不參加，他也會希望你尊重他的價值觀並理解他。ENFJ 非常重視你為了能真正理解他而付出的努力。ENFJ 喜歡聽到你的稱讚，有的時候他說不定會期待你像稱讚孩子那樣，說出「哎呦呦，我的孩子最棒了」這種無條件的稱讚。

ENFJ 喜歡分享彼此的想法和感受，並和你深入交談，因此建議你們可以一起學某些東西，至於實際該學什麼，只要你和 ENFJ 討論後決定即可。說實在的，比起學什麼，一起學習這本身更重要。如果彼此一起共度有趣又有益的時光，那麼那段共度的時光就很有意義。如果只能選擇一項共同學習的項目，那麼 ENFJ 很有可能會選擇提升自己感性的活動。

為了創造出特別的約會，ENFJ 經常會提議去從沒去過的新地方，可能是時下熱門的美食餐廳，也有可能

是沒人知道卻非常美麗的休憩處。ENFJ 希望你也能高興，並期待你激烈、開心的反應。

各年齡層 ENFJ 特點和戀愛攻略

二十歲的ENFJ

很有可能是學校或職場中的大紅人。以艾瑞克森社會心理發展理論來看，青少年時期是追求親密關係的階段，對於重視關係的 ENFJ 來說更是如此。ENFJ 在社交場合上會消耗很多能量，為了能認識不同領域的人，他會進行多方面的嘗試。基本上會參加兩三個社團，並且希望透過社會服務活動等管道，來感受與他人之間的連結。為了吸引二十歲的 ENFJ，建議你要出現在 ENFJ 會去的地方，談論 ENFJ 感興趣的話題。

三十歲的ENFJ

ENFJ 到了三十歲仍然喜歡參加社會活動，但最重要的是，他會為了職場或家人等更具體的人或團體而努力，著重在幫助他們改變。他會告訴親近的人自己的價值觀和目標，希望他們參與其中，也會請求協助。三十歲的 ENFJ 會竭盡全力提高業務成果，想要在工作中證明自己的能力，所以如果你稱讚他，ENFJ 會為了更了解你，而露出閃閃發光的眼神。

四十歲的ENFJ

四十歲的 ENFJ 希望能分享自己的知識和經驗，在所屬的領域發揮更大的影響力。四十歲的 ENFJ 相當重視為社會做出貢獻，積極利用自己的專業給予指導或教育。如果你支持 ENFJ 追求的目標，ENFJ 就會想從你身上找出一些特別的東西。

給愛著ENFJ的你的建議

- ENFJ 很溫柔，會努力理解你，但他也很重視自己能不能得到認可和尊重，所以最好不要吝於稱讚 ENFJ。如果你對 ENFJ 讚不絕口，ENFJ 也會對你有正面評價，夢想著和你共創更好的未來。

- ENFJ 在選擇職業時，也會選擇能夠實現自己理想的工作。有時候，ENFJ 似乎看不清現實，對於未知的未來一味地抱持著理想，但是 ENFJ 的特點是，他會盡最大的努力思考、準備和計劃。即使理想受挫，也不要打擊 ENFJ，反而更需要給他支持。ENFJ 可是能將理想化為現實的人呢！

- ENFJ 希望自己和別人有連結，所以覺得幫助別人很有意義。自己能幫助別人，這就會讓 ENFJ 覺得自己很不賴，想到當自己遇到危機時也能從別人那裡得到幫助，就會覺得很安心。雖然偶爾覺得他愛管閒事，但也請忍耐一下。

外表冷酷、內心炙熱的 INTJ

「因為愛你，所以我有話要說。」

#My Way 韌性 # 獨立終結者
 # 缺乏社會性的完美主義 # 感情功能故障的機器人

INTJ 相當獨立，喜歡設定明確的目標，然後分階段朝目標前進。INTJ 具有卓越的分析能力和戰略思維，在實現自己的想法這方面非常出色。如果公司需要做一項企畫，INTJ 將發揮出色的戰略思維能力，進行徹底的分析，然後制定明確的行動計畫來實現自己的想法。INTJ 在制定計畫時，會連失敗的可能性都考慮進去再制定幾個對策，然後為了實現自己的目標而果斷前進。

INTJ 分析、計劃、推動事情的能力，是其他人望塵莫及的，平時他都不願意展現自己，因此他真正的價值會慢慢才顯露出來。比起在意別人對自己的看法，INTJ 會更專注地做自己想做的事情來實現自己的目標。INTJ 面對非常困難的課題時也能保持自信，不斷付出努力解決問題，因此有時會取得連自己也沒有預想到的巨大成果。

INTJ：默默認真行走 My Way 的機器人

INTJ 不太在意他人的認可，能否達到自己制定的標準才是更重要的。INTJ 極度討厭自己沒有能力，所以只要鑽研了一個方面就會堅持到底。但是偶爾 INTJ 會太過固執，聽不進親朋好友的建議。對於提出建議的人，

INTJ 會以邏輯反駁，始終堅持自己的想法，不肯改變。在這種情況下，INTJ 看起來就像失去靈活度、只執著於一件事的「機器人」。

雖然很多人對 INTJ 持冷漠態度，但 INTJ 對於理解自己、擁有同樣價值觀的少數人非常願意付出，在這樣的人面前，INTJ 會用自己的方式，表現出任何地方都看不到的熱情和愛意。但是 INTJ 覺得表達情緒很困難，如果對話太過冗長，他就會一直以邏輯剖析並試圖解決，這會讓與 INTJ 親近的人覺得自己的情緒似乎被忽略而感到難過，但這與 INTJ 想提供幫助的本意不同。

另外，INTJ 性格內向，而且溝通時喜歡以解決問題為重點，對於要坦承自己的情緒會覺得很困難，很遺憾地，這可能會加深 INTJ 周圍的人對 INTJ 的誤解。若真是如此，INTJ 將與外界隔絕，即使痛苦也會選擇孤立。因此，INTJ 需要認知到說出自己情緒的必要性，即使不流暢，也要坦率地表達自己真實的感受和情緒。

INTJ 的世界既複雜又深刻，但同時充滿了許多非常有趣又驚人的事物。面對現實世界，INTJ 會有邏輯地理解，並以他特有的踏實和堅持，盡最大努力實現那存在於他腦中的理想世界。也可以說，INTJ 就是改變世界的主體。

以家中排行看 INTJ

老大INTJ

作為老大的 INTJ，從出生開始就比同齡人更成熟、更獨立。父母看著老大 INTJ 時，覺得他一個人也能把自己照顧好。老大 INTJ 善於在家庭中安靜地發揮領導力，由於他的目標導向和有體系的思維，有時還能代替父母教育弟弟妹妹，因此弟弟妹妹比起跟著父母，更會跟隨老大 INTJ。但偶爾老大 INTJ 會以過分的完美主義，強迫弟弟妹妹們達到自己的高期待值，進而引發衝突。對於老大 INTJ 來說，「大家開心就好」似乎是句空話。他認為，如果沒有正確的目標，並且每天付出努力、階段性地達成目標，就無法得到什麼結果。因此，他忍受不了失敗，會像燃燒自己一樣全力以赴。INTJ 需要保持從容，並且明白不必做到完美。

排行中間的INTJ

排行中間的 INTJ 能理解他人的視角，並從中立的角度看待問題。如果父母希望排行中間的 INTJ 退讓，反而會刺激 INTJ 的獨立心，想要擁有個人空間，產生更強烈的控制欲。如果不能保障他的獨立，INTJ 就會失去能量，在家庭裡很難發表自己的意見，只把焦點放在避免衝突上；由於無法在家中發揮自己的能力，因此可能會低估自己。對於排行中間的 INTJ 來說，最重要的是保障他的獨立自主。

老么INTJ

老么 INTJ 屬於自由奔放又有創意的類型。因為是老么，自然會受到身邊的人的關注，這種關注有助於 INTJ 開發獨立且有創意的一面。INTJ 喜歡嘗試和實現自己的獨特想法，有時也會取得意想不到的成果。然而，他也會因此受到太多別人的期待或壓力，所以需要發掘來自過程中的快樂，而不僅僅是成果帶來的快樂。

獨生子INTJ

獨生子 INTJ 在成長過程中可以自然地將自己和家人區分開來，善於獨立思考和行動。INTJ 經常深入挖掘自己感興趣的領域，表現出極高的專注度。因為善於設定自己的目標、制定計畫和戰略，所以會主動學習。不過，與這些優點不同的是，獨生子 INTJ 有時在與其他人合作或理解他人情緒這方面可能會遇到困難。這是 INTJ 在與人互動、維持與其他人的關係時需要注意的領域。

INTJ 的戀愛：在特別的深度關係中尋找意義

通常 INTJ 會喜歡有深度、有意義的關係，而不是膚淺又短暫的關係。對於 INTJ 來說，戀愛不是出於單純的好奇，而是以深刻的理解和尊重為基礎持續推進的過程。在與你談戀愛時，INTJ 也會不斷試圖努力理解自己和你，並希望透過這些與你形成更強的連結。

INTJ 在與你的關係中，非常重視相互理解和緊密相連的連結感。因此，為了盡可能減少與你之間的情緒衝突，他喜歡在發生情緒問題時有效管理，並有邏輯地解決問題。當你的情緒激動時，INTJ 會試圖讓場面冷靜下來，客觀分析問題，找出雙方滿意的解決方案。「如果要解決這個問題，我們能做些什麼？」

不過，這種特性時常會讓你覺得 INTJ 好像不在乎你的情緒，似乎沒有被完全理解，但 INTJ 並不是不重視你的情緒，只是更傾向於有邏輯地解決。如果這個問題經常讓你和 INTJ 起口角，那麼 INTJ 可能會非常失望，因為你似乎無法接受他本來的樣子。所以，最好能理解 INTJ 的特性，不要執著於改變無法改變的部分。相較之下，更要對於 INTJ 在任何情況下都能保持沉著、有邏輯地解決的優點給予高度評價，也需要有智慧地用愛包容缺點。

如果你迷上了INTJ，可能是因為INTJ的認真態度，以及有邏輯地解決問題的能力。第一次見到INTJ的時候，他可能面無表情地在說些批判的言論，所以會誤以為他是個冰冷的人，但是越了解就越會發現，他是一個穩重、不會胡說八道的人。不僅如此，在精神即將崩潰的邊緣，INTJ仍然能保持冷靜的態度，提出最好的解決方案，他那毫不動搖的平穩，會令你感到驚訝。

此外，和INTJ交往越久，INTJ就會越關心你的成長，並默默地幫助你成長，所以你會逐漸被INTJ的魅力吸引。在未來某天，當INTJ像感情功能故障的機器人那樣對待你而讓你受傷時，最好能想想INTJ的這些優點，撫慰自己受傷的內心。

與 INTJ 約會：享受知性體驗，沉浸自然

INTJ喜歡和你進行知性的對話。只要是能談論知性內容的地方，他就不會在意地點，但INTJ會喜歡的地方，是集結許多知識的圖書館或書店。通常INTJ都很喜

歡閱讀，因為書本是用文字和紙張製成的，讓人能夠很容易接觸到知識，再加上 INTJ 控制力很強，書的物理性質有利於他計畫和實踐，INTJ 很善於制定閱讀進度。

如果你不像 INTJ 那樣喜歡看書，建議可以一起去聽演講或欣賞表演。演講的效果跟聽有聲書一樣，適合和 INTJ 一起享受，表演則有助於增加感官體驗。

同樣的道理，INTJ 也很喜歡在大自然中露營或野餐。平時 INTJ 在人際關係中很難進行情緒的交流，但在人煙稀少的大自然中會得到平靜，能夠冷靜地和你聊些內心深處的話題，因此他會喜歡的。像這樣在大自然中的悠閒約會，很有可能會讓你發現 INTJ 的優點。

各年齡層 INTJ 特點和戀愛攻略

二十歲的INTJ

二十歲的 INTJ 會在大學唸書時，或在新的工作崗位上擴張自己的思維，並為了追求多樣的經驗，而與各式各樣的人見面，積極吸收新的文化。青年時期的這種多樣化經驗，讓 INTJ 學會了如何擴張自己的創意，並運用在現實中。如果你想和 INTJ 親近，重點是表現出尊重和理解 INTJ 創意的態度。如果直接指出 INTJ 的想法成真的可能性很小，INTJ 就會邊說著沒關係，邊悄悄遠離你。

三十歲的INTJ

在三十歲的時候，INTJ 已經在自己的專業領域上站穩腳跟，想拓展自己的職業生涯，追求更深的專業。INTJ 會透過設定戰略目標和決定，找出最有效提高業務成果的方法，來取得卓越的成果。INTJ 很想要發揮能力，所以若想吸引他，就要認可他的專業和努力、稱讚他的工作成果，那麼 INTJ 就會尋找自己是否有能幫助你的部分。

四十歲的INTJ

四十歲的 INTJ 將重新評價生活的方向，以至今為止所學到的東西為基礎，將焦點放在構建更完美的人生。在這個時期，INTJ 已經將二十年前自己腦海中的理想世界實現到一定的程度，穩固地建立了自己的價值觀和世界觀。在這個時期，四十歲的 INTJ 會覺得理解自己價值觀和世界觀的人很有吸引力。建議你要尊重 INTJ 的思考方式，努力理解 INTJ 是如何看待世界的。

給愛著INTJ的你的建議

- INTJ 冰冷的外表下藏著一顆溫暖的心，就算別人不明白，你應該也會了解 INTJ 真正的魅力吧？如果 INTJ 是你的愛人，那麼 INTJ 會以行動而非言語來表達愛意，只注視著你、幫助你成長，並在你感到混亂時提出解決方案。
- 你是否被 INTJ 一貫有邏輯的態度吸引後，卻因為心情不被理解而傷心呢？如果你想和 INTJ 長久幸福下去，就要理解 INTJ 偶爾會表現得像感情功能故障一樣。INTJ 也很努力，但需要時間才能理解狀況。
- 專注於走自己的路的 INTJ 相當獨立，即使獨自一人，也能把每件事都做得很好，所以 INTJ 也會期待你能獨立行動，而不是依靠他。如果你過分依賴 INTJ，INTJ 可能會後退個好幾步。

與世界接軌的

INFJ

「我一直都感覺得到你。」

無法讀懂的書 # 能夠讀懂他人情緒的超能力者
溫暖又神祕的哲學家 # 承擔著世界的痛苦

人們談論 INFJ 時，常常會給出「話太少」、「話太多」、「很溫暖的人」、「太冷靜了」等等完全不同的評價。這些完全相反的評價都符合 INFJ，因為隨著待在一起的對象和當時的情況，INFJ 會展現出不同的面貌，這些不同的評價就是由此而生。

INFJ 容易受到身旁的人的影響，也會快速掌握氛圍，因此可以扮演對方期待的角色，或是為了讓團體達到平衡，而發揮必要的能力。在話多的人面前他不會說話，在冰冷的氣氛中，他會不吝惜表現出溫暖的言行。INFJ 很能理解自己所處的環境和身邊的人的情緒，所以如果有人遇到困難，他就會努力按照對方的需要給予幫助。

INFJ：以獨特的眼光看待世界的洞察者

INFJ 有時會過於努力深刻理解他人，使得自己過分在意對方。INFJ 對他人的想法和情緒非常敏感，有時別人的評價和批評會對他造成太大的影響；再加上他很內向，難以與外部世界相通，所以如果他覺得對方不太友好，就更難表達自己的想法和情緒，會放棄為自己辯護。

雖然迫切希望被理解，但當自己因為某些原因而不被理解時，他就會感到孤獨，宛如獨自漂流在這浩瀚的宇宙中一樣。如果 INFJ 是網紅，那麼酸民無憑無據的惡意留言會帶給他很大的傷害，甚至可能會讓他放棄之前耀眼的成績，認為「反正人生終究是一個人」，從某天開始隱退。

INFJ 會深深地投入在自己的內部世界，認為自己的想法和情緒很有價值，也會肯定自己觀察並理解世界的洞察力。INFJ 在內心世界獲得靈感後，會以自己獨特的方式看待並理解世界；在這過程中，INFJ 還會展現出獨特的深度創意，並以那創意為基礎，取得創造性的成果。如果 INFJ 是小說家，那他可能會發表以前從未見過的驚人故事，感動很多人，讓讀者能以不同的角度看待同樣的問題。

INFJ 的洞察力也會體現在日常生活中。少數幾個與 INFJ 關係密切的人，在與 INFJ 對話的過程中，會明白自己內在的問題或事件背後的重要情感。即使是面對親近的人，INFJ 也會畫清界限，對於別人的越界非常敏感，因此只有極少數的人能理解 INFJ，甚至了解他的內心世界。

INFJ 最重視的是實踐自己的價值觀，並努力透過自己的行為，將所屬的世界打造成更好的地方。如果 INFJ

迫於各種狀況壓力，而做出違背自己價值觀的行為，那麼即使行為的結果沒有傷害到任何人，他也會後悔並埋怨自己很久。與 INFJ 關係密切的人，經常對 INFJ 這種不必要的良心譴責和煎熬感到惋惜。由此可知，INFJ 認為最重要的，是心懷對他人與世界更有益處的遠大夢想，並藉此實踐自己的價值觀。

以家中排行看 INFJ

老大INFJ

老大 INFJ 通常會以父母的行為為榜樣，並根據父母的回饋，形成自己的價值觀。老大 INFJ 會帶著自己必須成為父母和弟弟妹妹中心的責任感，敏感地考慮家庭成員的情緒，發揮卓越的能力解決家庭內發生的問題。然而，在解決問題的過程中，INFJ 很有可能被家庭成員的負面情緒擊垮，造成同理心疲勞。因此，即使是家人，INFJ 也不要投入太多情緒干涉，以免自己無法承受。

排行中間的INFJ

排行中間的 INFJ 在老大和老么發生衝突時，扮演安慰雙方、協調尖銳分歧的作用。他對家人的情緒很敏感，所以只要家人幸福，他也會覺得自己很幸福，因此很擅長規劃可以讓全家人一起進行的開心活動。不過，排行中間的 INFJ 也要努力將家人的情緒和欲望跟自己切割開來，避免不顧自己，只為家人犧牲。

老么INFJ

如果家庭氣氛是對老么較為寬容，那麼老么 INFJ 很有可能比其他 INFJ 擁有更自由的靈魂。老么 INFJ 擺脫了「必須要這樣做」的框架，也從家庭成員身上學到很多東西，同時還會尋找與家人不同的、專屬於自己的生活方式。如果家庭整體氛圍沉默寡言、階級秩序明確，INFJ 就會完全無法適應，可能會築起鐵牆，創造屬於自己的祕密世界。

獨生子INFJ

傾向於花更多的時間在自己的內心世界。獨生子 INFJ 在享受與父母交談的同時，也必須擁有自己的時間，他在獨處期間會深深地沉浸在自己的情緒和想法中，建立自己的價值觀和世界觀。獨生子 INFJ 喜歡在遇到問題時找出屬於自己的解決方案，喜歡夢想著自己理想中的世界並制定計畫。

INFJ 的戀愛：

照著一面窺視靈魂的鏡子

INFJ 希望和你進行精神上的深入交流，因此會從價值觀、想法、感情、溝通方式等各個方面認真考慮。所以，如果你沒有想要與 INFJ 認真交往，INFJ 很快就會察覺到這一點，然後收回對你的關注。INFJ 在談戀愛時，更重視精神上的魅力，而非身體的魅力，最重要的是如果沒有情感上的交流，就無法成為戀人。

INFJ 在戀愛方面也是理想主義者，夢想著完美的戀人，也會為了讓夢想成真而努力。INFJ 的理想主義往往不會考慮到現實問題，有時會因為現實和理想之間的差距而感到失望。談戀愛時勢必會有約會的開支，需要有人承擔費用，但是 INFJ 完全沒有準備好應對在戀愛中可能會造成絆腳石的現實問題。而這樣的問題，最終可能會成為與 INFJ 交往時最大的阻礙。因此 INFJ 在戀愛時，維持理想和現實之間的平衡是很重要的。

如果你迷上了 INFJ，也許是迷上了 INFJ 細膩又真誠的性格。INFJ 在與你談戀愛時也會展現出這樣的面貌，他認為為你花費很多時間和努力是理所當然的，並且會營造出讓你感到舒服的安定氛圍。

INFJ 每次見到你時，都會專注在你帶給他的感覺，甚至還包含那些用言語無法完整表達的資訊。如果你正在經歷一段艱難的時期，INFJ 會準確地掌握你的情緒狀態，提供適當的安慰和支持。直到你克服困難為止，INFJ 都會安靜地支持你，仔細觀察你需要什麼，如果有缺少什麼，他都會補足。對於 INFJ 來說，讀取對方的感情是非常容易的事，甚至連你都不清楚自己的情緒時，他也能掌握你的情緒。

INFJ 情緒上這般的細膩也可能是缺點。INFJ 與人連結太深，會覺得你的問題就像是自己的問題，有時還會比當事人更累、更苦惱。他想幫助你的心意太強烈，導致自己承受著無法承擔的壓力，甚至無視自己的情緒和需要。

因此，照顧 INFJ 的感情是非常重要的。INFJ 必須明白，只有在自己幸福穩定時，才能更好地幫助別人；就像他有心想幫助別人一樣，也要帶著愛來照顧自己。需要尊重 INFJ，讓他擁有個人時間和空間，並且等待 INFJ 完全充飽電。

與 INFJ 約會：
重視分享，透過交流回顧生活

INFJ 在與你約會時，喜歡透過對話產生連結。比起表面的內容，他更喜歡談論深刻的主題，比如生活的目標、夢想、個人價值觀、社會問題等。因此，第一次與 INFJ 約會時，安靜的咖啡廳或餐廳等地方比較合適，因為在這種場合會營造出適合深入對話的氛圍。

另外，對於擁有同樣的生活和價值理念的人，INFJ 很重視跟他們的關係，會一起分享日常生活中微小的美好，也會認為一同成長和進步很重要。因此，圖書館、美術館、自然公園等地方是適合約會的地點。尤其是能和動物一起玩耍的地方，可說是能讓 INFJ 發揮細膩感性的地方，因為 INFJ 不僅對人類，對動物的情緒和需求也很敏感，所以與動物也會有很深的交流。

當你要跟 INFJ 決定約會地點時往往會感到困難，可能是因為 INFJ 不會強烈表達自己的意見。INFJ 通常都重視和諧，有時還會試圖壓抑自己的意見，觀察他人的情緒。因此，重點是要讓 INFJ 知道，即使他提出意見也沒問題，然後幫助 INFJ 表達自己想要的東西。

與 INFJ 約會能讓你深入回顧自己的生活，因為與

INFJ 在一起的時候不會只是單純地享樂，而是能理解對方並共同成長。因此，享受這種經驗，理解和尊重他的細膩和深度，是非常重要的。

各年齡層 INFJ 特點和戀愛攻略

二十歲的INFJ

二十歲的 INFJ 正根據他們的價值觀和直覺尋找生活方向。在這個時期，INFJ 側重於確立個人價值觀和目標，並以此解釋或判斷社會情況；另外，INFJ 通常喜歡深刻的關係，因此從這個時期開始，他很有可能會追求與自己價值觀相合的人的長期關係。

在與 INFJ 的關係中，理解並認可 INFJ 的深刻想法與價值是非常重要的。由於在二十歲時，還沒成就的部分比已經成就的部分多上更多，所以如果太以實際成就的可能性來評價並批評 INFJ 的理想，INFJ 就會受到非常嚴重的傷害，十分受挫。因此，需要無條件地鼓勵二十歲的 INFJ。

三十歲的INFJ

進入三十歲以後，INFJ 對他們的價值和目標的理解加深，有越來越成熟的傾向。他們會想要在這個時期鞏固自己的社會角色，制定計畫來實現自己的價值。這時期的 INFJ 會認為，在人際關係中，自己的價值和目標得到人們的支持、辛勞得到認可是很重要的。如果你珍惜 INFJ，就要在 INFJ 遇到困難時給予理解和支持，同時支持他的個人成長。

四十歲的INFJ

四十歲的 INFJ 很有可能已經成功實現自己重視的價值和目標，也對自己的生活有更深入的理解。在這個時期，他經常依據自己的價值和願景，積極探索生活的意義和目的。若想要有效地引導你與四十歲的 INFJ 關係的發展，那麼不僅要認可他過去的成就，還要理解並支持 INFJ 的價值觀和目標。另外，在分享對人生下一階段的想法時，你也要分享你的價值觀和目標，讓 INFJ 能更深入理解你。

給愛著INFJ的你的建議

- 在與 INFJ 交往的過程中，是否有種生平第一次被理解的感覺？那麼，你可能已經陷入 INFJ 的魅力中，一時逃脫不了了。INFJ 可能會讓你明白之前沒有想到，或過去一直在迴避的人生問題。藉由這個機會，你會覺得自己變得越來越好。請不要錯過這個機會。
- 剛開始會覺得，他真的是一個既溫柔又溫暖的人，但有時候又很冷淡，對吧？ INFJ 沒電時就會那樣。INFJ 比較容易沒電，因為他有能準確察覺別人情緒的超能力。給 INFJ 一點時間，他很快就會恢復的。
- INFJ 看電影時也很愛哭，光是在社群媒體上看到很短的悲傷影片，他的眼中就已經泛著淚光了嗎？除此之外，其他人之間即使只是出現小小的衝突，INFJ 也會非常痛苦，好像那是自己的事情一樣，你是否也察覺到了？這也是 INFJ 超能力的一種副作用。只要聽 INFJ 說話，輕拍他的背，他就會好起來的。

結語

以閃亮的智慧填補縫隙

讀到這裡，我想你應該充分理解了作者寫此書的用意。雖然不知道在這裡使用「高手不會怪裝備」的說法是否合適，但 MBTI 只不過是一種用來深入理解他人的參考工具。如果你是心理學家，那麼 MBTI 檢測對於你的研究應該一點用都沒有，因為現在還有很多比 MBTI 更適合的性格檢測工具。但是，如果讀完這本書的你，是已經厭倦了與人交往，或是不知道該如何談戀愛而彷徨的人，那麼我認為這本書很適合你。

在寫書的時候，我曾擔心這本書會不會對於已經過度投入 MBTI 的其中一部分人，造成另一種誤會，或產生莫名其妙的信心。雖然在說明一種類型時，我會使用許多與其他類型重複的描述，但為了強調該類型的獨特之處，我還是得在篩選後寫出重點。另外，雖然在說明同一類型時，已經根據在家中的排行、年齡等條件，提出了些微不同的性格特點，但依然無法完整涵蓋到不同個體所處的情況。

就算是同一類型，實際上還是會根據該類型的人的成長背景、所處情況和對象的不同，而造成部分性格的差異，並反映在行為舉止上，最終形成屬於那個人的獨特歷史。因此，我在列舉適當的案例時，也思考了很多。一個人身邊的關係和情況，會對他最終的行動、人生的價值觀，以及對自我的認知、個人狀態的理解產生巨大的影響。因此，對於我留白、無以名狀的部分，希望各位讀者能以自己對人類的獨特洞察力來填補。

在寫這本書的過程中，我將 MBTI 的各類型視為活生生的人，有時則是想著我所珍惜的人，充滿著愛意寫下內容。比起誤會，我更希望能相互理解。

即使我們無法完全理解一個人，還是可以愛著對方。儘管「理解」總是存在著界限和縫隙，但我們還是能深愛著某個人，而且要去愛，我們才擁有生存的意義。

因此，我希望這種何時何地都可能會出現的縫隙，能作為生活的樂趣保留下來，並懷著這樣的心意，為這本書作結。

A

Love is ...

人生就是這樣。
什麼都不計較，什麼都不指望，
欣然接受眼前的一切。
人生在世，愛情也會這樣完成的。

李秉律，散文集《起風時 我愛你》

一起來　0ZTK0051

MBTI 戀愛心理學

MBTI 연애 심리학

作　　者　朴聖美
譯　　者　葛瑞絲
主　　編　林子揚
責任編輯　張展瑜

總 編 輯　陳旭華 steve@bookrep.com.tw
出版單位　一起來出版／遠足文化事業股份有限公司
發　　行　遠足文化事業股份有限公司（讀書共和國出版集團）
　　　　　231 新北市新店區民權路 108-2 號 9 樓
電　　話　(02) 2218-1417
法律顧問　華洋法律事務所　蘇文生律師

封面設計　Dinner illustration
內頁排版　宸遠彩藝工作室
印　　製　通南彩色印刷股份有限公司
初版一刷　2024 年 8 月
定　　價　420 元
I S B N　9786267212936（平裝）
　　　　　9786267212882（EPUB）
　　　　　9786267212950（PDF）

國家圖書館出版品預行編目（CIP）資料

MBTI 戀愛心理學 / 朴聖美著；葛瑞絲譯 . -- 初版 . -- 新北市 : 一起來出版 , 遠足文化事業股份有限公司 , 2024.08
面；　公分 . -- (一起來；ZTK0051)
譯自 : MBTI 연애 심리학
ISBN 978-626-7212-93-6(平裝)

1. 戀愛心理學　2. 兩性關係　3. 人格特質

544.37014　　113007888